U0021159

悅讀的需要，出版的方向

THE BLUEPRINT

領導力藍圖

別怕砍掉重練！

從內在找尋改建原料，量身打造領導模型

道格拉斯・康南特
Douglas Conant

艾美・費德曼
Amy Federman

著

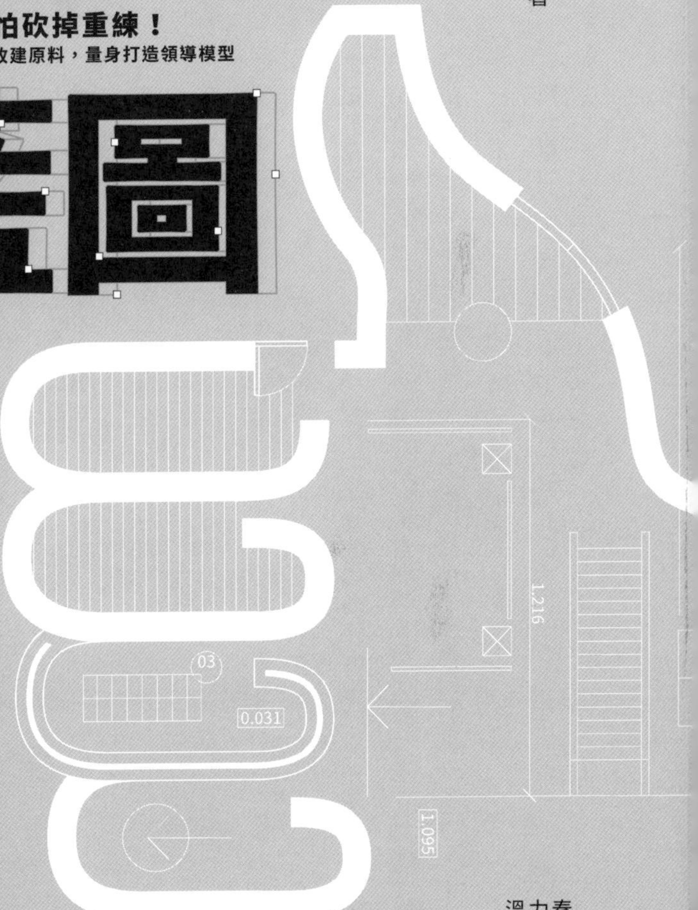

溫力秦

譯

6 Practical Steps to Lift Your Leadership to New Heights

目次

CONTENTS

PART 1 藍圖　突破瓶頸

PART 2

宣言 擴大你的影響力

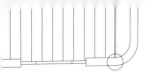

各界讚譽

「康南特傳授他的一身本領，志向遠大的各階段領導者若能向他學習勢必有莫大好處。」

——詹姆．柯林斯（James C. Collins）／《從A到A^+》（*Good to Great*）作者

「道格．康南特是個奇葩；這位鋒芒畢露的企業執行長性喜內省，他不將自身成功視為與生俱來的權利，也不為此自吹自擂，而是將這一切歸功於省察、學習與深刻的內在探索所致。他透過《領導力藍圖》提供強大又特別容易著手的途徑，可以更全面地掌握你獨特的本領，讓你獨樹一格的領導聲音得以展現。」

——蘇珊．坎恩（Susan Cain）／《安靜，就是力量》（*Quiet*）作者

「現今繁忙的領導者經常問到如何能在忠於自我的情況下提升自身領導力。《領導力藍圖》就是解答！」

——印德拉．努伊（Indra Nooyi）／百事公司（PepsiCo）前董事長暨執行長

「《領導力藍圖》可謂難能可貴的天時之作……現在就入手一讀吧！買來送給團隊的話就更棒了。」

——艾美．艾蒙德森（Amy Edmondson）／哈佛商學院諾華領導暨管理學教授（Novartis Professor of Leadership and Management）

「《領導力藍圖》給各位讀者一個簡單卻又強大的機會，去善用道格．康南特的經驗智慧，讓自己的思維與做法煥然一新，幫助你擴張影響力。」

——道格．麥米隆（Doug McMillon）／沃爾瑪（Walmart）總裁兼執行長

「道格・康南特和艾美・費德曼這本傑出的著作所介紹的概念及其十分深刻的六步驟途徑，只要加以整合運用，就能助你改造人生與領導力。」

——比爾・喬治（Bill George）／哈佛商學院資深研究員、美敦力前董事長兼執行長、《領導的真誠修練》（*True North*）作者

「道格・康南特不只是成功的領導人士，他也特別重視思考。在這本實用的著作當中，他分享給各位讀者一個可以立即著手用來提升影響力的模型。」

——亞當・格蘭特（Adam Grant）／《紐約時報》暢銷書《反叛，改變世界的力量》（*Originals*）和《給予》（*Give and Take*）作者及TED podcast《工作生活》（*WorkLife*）節目主持人

「無論是何種層級的現職領導者或新進主管，《領導力藍圖》都是必讀之作。」

——莎拉・馬修（Sara Mathew）／鄧白氏（Dun and Bradstreet）卸任董事長兼執行長

這本書除了要獻給鼓舞人心的昨日領導者之外，
也要獻給明日的領導者，
盼他們能光明磊落地雕琢領導這門技藝，
使之更上一層樓，
達到服務、績效與貢獻的新境界。

推薦序

能有機會在此推薦《領導力藍圖》，以及同樣重要的，向各位介紹道格拉斯．康南特，實屬我的榮幸。道格拉斯的不同凡響與這本非凡之作，還請各位聽我娓娓道來。

我眼中的道格拉斯

我還在就學時期，父親史蒂芬．柯維博士（Dr. Stephen R. Covey）就經常告誡我：「選課的時候，挑老師上才是重點。」事後證明，這番洞見不但對我的學業大有幫助，也裨益我後來的職業生涯。在組織裡工作的人，其呈報的對象並非組織，而是組織裡的某個人，這是不爭的事實。所以，當我們與某位領導者或精神導師之類的人物——例如老師搭檔時，就等於有了脫胎換骨的機會。

現在，各位就可以透過《領導力藍圖》，從道格拉斯．康南特手上得到脫胎換骨的機會。在鑽研他所傳授的原則並加以應用的過程中，會逐漸感受到他所熟悉與瞭解的不只是他指引諸位一步步走過的這一條實用領導途徑，他對「你」也同樣熟悉和瞭解。道格拉斯．康南特本身就實踐過這條途徑，他吃了很多苦頭之後，才得到現在分享給諸位的真知灼見，也因此他在第一時間就懂得如何引導別人做自我探索，找出屬於自己的創意途徑。

當今世界既激烈又混亂，道格深自反省了自己過往人生裡的種種經驗、抉擇與觀點，而這些人生故事也逐漸化為他的領導故事。他探索自身的個性、人品、熱情所在和技能，找出專屬他「個人」的領導力並加以提升，此舉促使他得以為優秀的「人才」注入領導力。這當中最重要的莫過於他開發出一種可據以行動的流程，讓每一個人都能如法炮製。

道格深信領導是一種很私人的事情，所以他在《領導力藍圖》裡也有非常私人的呈現，跟他的信念可以說相互呼應。他鼓起勇氣跟讀者分享自己進入企業界十年之際被開除，後來又重新振作的往事，十分鼓舞人心。一場差點奪走他性命的車禍，讓他從中學到一些教訓，這些教訓想必會激發各位去思索他之所以大難不死的原因，同時也刺激各位去思考前方有什麼功課、有哪些貢獻在等著你去做。

另外，書中也描繪了道格作為納貝斯克食品總經理和金寶湯公司執行長，如何在達成卓越的商業績效之外，又能同步打造值得信任的團隊，展現出他在領導方面的敏銳度。不過，他最大的特色並非帶人和實現績效的能力，而在於他有辦法用「省察」來平衡自己的作為，造就了他的領導觀點備受信賴。

《領導力藍圖》

千古流芳的義大利藝術家米開朗基羅有一個故事，可以闡述《領導力藍圖》之所以深得我心的理由。故事是這樣說的，有人問米開朗基羅他的傑作「大衛像」（David）——這件藝術品被譽為人體美學的精湛呈現是怎麼雕刻出來的。他回答說：「每塊石頭裡都存有一座雕像，而雕刻家的任務就是把這座雕像找出來。」因此，從根本而言，米開朗基羅只不過是把不屬於大衛像的其他部分都去除，由此「找到」了大衛像。

倘若各位按照《領導力藍圖》介紹的實用步驟來做省思，你也可以像米開朗基羅一樣找到偉大的藝術品。也就是說，你踏上自己的領導旅程，省思、找出你核心裡的東西，把「你」領導力的精湛呈現揭開。好比道格就是在遭到開除之後，為了成為「石頭裡面」的那個人，而揚棄了不屬於自己的信念與行為，邁開步伐踏上找尋之旅，你要走的便是這條路。

事實上，領導力是最高段的學問，因為這門學問可以活絡其他每一種學問。也許諸位不像米開朗基羅一樣擁有可以打造視覺傑作的天賦，但你絕對有能力加強能力與品格，在組織、社區、家庭或這個世界中創造屬於你的傑作。最終，誠如道格在書中所指出的，從這條由內而外的途徑會讓各位清楚看到「唯一的出路就是往內在探索」。

道格之所以是這趟旅程渾然天成的嚮導，原因也在此，因為他明白領導力所指的不只是頭銜或身分地位；領導力是一門需要精通的「技藝」，此技藝不但富有美感、經過設計，且以持久耐用的法則為圭臬。

領導力的功課

個人在領導力上要做的功課，其實就是把經由學習而得來的反應機制與他人期望鑿開，挖出這塊石頭裡面的人。如此說來，這確實是一門功課——一門內在的功課。這門功課不是專門給那些領導他人與團隊的人做的，任何想要主導一個有意義、有使命、有所貢獻的人生，且希望自己值得他人信賴的人，都可以做這門功課。這是只有「你」才能做的功課，因為正如道格所言：「這世上就只有一個你。」

只要按照道格所開發的流程勤於耕耘，各位就可以打造「專屬於你」的領導力地基，構築一條特別能指引你的途徑，效果絕對比從坊間的領導力書籍或工作坊所學到的東西大得多。

由道格來做這門功課的老師再適合不過，固然諸位是按照他的地圖走這趟旅程，但是他會清楚讓各位知道，這是「你的」旅程，也是「你的」傑作。換言之，只有「你」能實現這趟領導力之旅。

讀《領導力藍圖》另有所感

我身為家中長子，深覺有責任延續父母和祖輩在「繁衍」多樣性龐大後代這方面所做的努力。我雙親結婚後生了九個兒女，這九個兒女總共又生了超過五十個的孩子，而且下一代的數量還在增長。

七年前的今天，我父親過世了，後來我父母的家也因為母親搬出去了就捐贈給慈善機構，我和我太太潔莉便商量哪裡可以讓龐大的柯維家族齊聚一堂。

商量到最後，我們夫妻倆都覺得有必要改建我們家，不僅僅是把房子變大，也可以作為聚會的場所。我們探索自己的內心，找出想要大一點的房子的「原因」，並思考房子變大之後必須承擔的責任。我們拿到建築師設計的藍圖，也請建商來施工，度過了擴建工程帶來的種種不便與麻煩。房子的改建藍圖不只是一張指示哪裡要蓋牆、哪裡該裝上窗戶的紙；它源自於我們以大家庭為出發點，為了找出需要大空間的「理由」和日後用途所做的內在功課。

對於改建成果，我們心中充滿感激。這個擴建後的家，我們稱它「歐胡」（Oahu），在夏威夷語中是「聚集之地」的意思。現在我們家有如一個匯集點，除了供大家族聚會之外，也是孩子們的球隊、社區活動、音樂晚會以及其他鄰里與教會活動的場地。這都是因為我們先針對「使命」做了一番功課，接著再著手處理改建的「實體」工作，我們的大家庭之夢才得以實現。在各位閱讀的過程中，本書會邀請你做這種形式的領導力功課，幫助你實現領導之夢。

人類如今生活在管理過度卻領導不足的世界，這樣的社會「需要」你來領導。睿智又有原則的領導者，以扎實穩固的基礎為後盾，最能夠妥善解決我們現在所面對的棘手問題。

準備好開始了嗎？道格秉持著「我可以幫什麼忙」的精神，已經蓄勢待發要把功夫傳授給各位讀者了。我最極致的推薦詞莫過於此：大家可以信任道格這位專業級嚮導，他會幫助你開闢專屬於你的領導方法。我十分信賴他；事實上，我在最近的一次媒體訪談中，就碰到採訪者請我舉出我所認識最頂尖的領導者，我毫不遲疑就回答「道格拉斯．康南特」。講到可以有效兼顧組織的長期績效與寬以待人風範的領導者，無人能出其右。

因此，我按照父親的教誨，要請諸位將道格當作導師，把《領導力藍圖》所傳授的流程方法吸收消化並予以實踐。我敢打包票，各位除了會感謝自己下了功夫去尋找、創造與完善你獨一無二的領導聲音之外，必定也會對後續帶來的影響充滿感激。

小史蒂芬・柯維（Stephen M. R. Covey）

暢銷書《高效信任力》（*The Speed of Trust*）作者

二〇一九年七月十六日

推薦序

領導力提升就是個人內心昇華之旅

我個人在中央大學人力資源管理研究所教授〈領導與管理發展〉這門課已有二十餘年。這門課主要的內容不是教授學生應如何有效率地規劃一套完整的經理人訓練課程；相反地，我在這門課特別強調經理人領導力的提升，主要是建立個人的心智能力，也就是不斷地優化個人的心理素質（mentality）。因為企業經理人日常所面對的領導壓力，不僅是專業技能的問題，最主要的還是情境中所面對人際間相處所產生挑戰，所以領導活動是一場內心戲（inner game）。

歐洲工商管理學院（Institut Européen d'Administration des Affaires, INSEAD）行為組織學教授詹比耶洛·彼崔格里利（Gianpiero Petriglieri）曾與瑞士洛桑國際管理學院（International

Institute for Management Development, IMD）的傑克・伍德（Jack Wood）及哈佛商學院（Harvard Business School, HBS）的珍妮佛・彼崔格里利（Jennifer Petriglieri）聯合發表了一篇有關領導力發展的研究論文，論文重點探討工商管理碩士（Master of Business Administration, MBA）和高階管理訓練課程如何有助於提升經理人的領導力，把他們塑造成真正的領導者。在研究過程中，作者對五十五名參加國際ＭＢＡ課程的資深經理人進行為期一年的追蹤調查，每一位參與的學員都有機會與心理學專家進行近距離的接觸，探討學員個人的理想、所遇到的困境和事業發展，從而進行自我個性的調整。研究指出，學員在完成一整年的ＭＢＡ學業之際，也同時經歷了自我個性調整的過程，並取得三個主要成果——更深的自我覺察、更佳的自我管理及更強的自我反省能力。學員透過自省，找尋自己的缺點和不足，對自己的優點和長處進行估量，以便在總結中規劃自己，避免重蹈覆轍，如此更能強化其個人領導力。

從這個研究中，我們可以瞭解領導力的提升可以從個人直接面對自己的行為和它們對別人的影響開始。這也就是道格拉斯・康南特與艾美・費德曼所著的《領導力藍圖》中所描述內容的精髓。透過個人有系統的自我覺察與自省，找出個人潛力與優勢，有計畫地提升，讓原本窩藏在自我的原料，得以有機會予以滋養，發展茁壯，成就出個人的領導力。

大多數領導者在一開始的時候都有著良好的行為習慣，否則他們無法取得成功。然而，隨著工作壓力不斷增大，成功人士們往往會過度運用自己身上那些曾經有助於自己成功的特質，結果反而會使這些特質轉變成了對自己不利的消極因素。為此，領導者要需要花點時間，退後一步來客觀評價自己的優劣勢。透過自省，採用新的領導行為或發掘以往領導行為中積極有效的一面，領導者就可以帶動組織中的成員以贏得成功。我相信《領導力藍圖》這本書可以提供目前經理人一套客觀評價自己的方法，重新思考個人的能力與潛質，打造、提升個人獨特的領導力。

鄭晉昌／中央大學人力資源管理研究所教授

作者的話

我們寫這本書的宗旨是想幫助每一代領導者找到自己最真實獨特的領導聲音，使之在職場上實踐這股聲音時，能展現出更加清晰的思維以及真心誠意與效益。

我們對當前世界的實際面貌瞭如指掌，也知道現今領導者有形形色色的作風與氣質。不過，我們深信《領導力藍圖》的精神所呈現的就是一條有志在領導旅程中徹底發揮長遠影響力的人最理想的前進路線。

為達此目的，我們攜手組成特別的搭檔。此次合作以道格四十五年的領導經驗與學習研究為基礎，並由遠見十足的艾美·費德曼來執筆。這位三十多歲的作者同時也是ConantLeadership的內容總監，致力於保持領導主題的新鮮感和平易近人，激發下一代領導者的興趣。

我們認為這種模式十分有效，相信各位也一定會有這種感受。

前言

Preface

改變的原料就在你的內心

「從你在的地方開始，用你有的東西，做你能做的事。」

—美國網球選手亞瑟·艾許（Arthur Ashe）

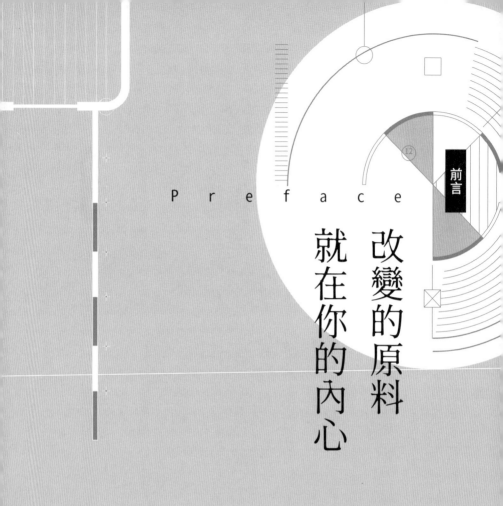

「你的職務被撤除了，中午前把你的辦公室收拾乾淨。」

就是這番話讓我的人生風雲變色。一九八四年春天，我開車到孩之寶玩具遊戲公司（Parker Brothers Toy & Game Company）上班，當時三十二歲的我在這家位於麻薩諸塞州貝弗利的公司擔任行銷總監。那段通勤路程我到現在還記憶猶新。鹹鹹的海風從波士頓北岸吹過來，充斥著我的感官。空氣中瞬間多了一些清冷，但也能感受到春暖呢喃。那一天很美好，萬里無雲，光明燦爛。我渾身是勁；雖然最近公司易主，情勢一直很混亂，不過我依然信心十足，認為自己必能貢獻所長。於是，一路上我鬥志高昂，準備好也要在這一天踏踏實實工作，好好替公司推展業務。

我一到公司，就接到指示直接去找行銷副總報到。這位副總緊張煩躁地在他辦公室門口等我。他面色嚴肅，要我進去辦公室，始終迴避我的目光；他眼神飄忽，看向室內每一樣不會動的東西，像釘書機、門把、椅子之類的，就是不願意看著我。我見他怪裡怪氣，卻也毫無頭緒。等我們兩人都坐定之後，他馬上開口說我被開除了，沒有要對我多做解釋的意思。

我搞不懂這是怎麼了，事前一點跡象都沒有。對於要我捲鋪蓋走人，副總唯一比較算得上理由的說法就是我的職務被「撤除」了，而對此毫無防備的我頓時啞口無言，沒辦法再反問他什麼問題。他朝門口揮了揮手，一邊指示我把辦公桌收拾乾淨後走人，一邊用最快的速度把我帶離他的辦公室。

副總跟我這段慘兮兮的對話從開始到結束只有短短幾分鐘，卻在我往後幾年的人生裡掀起滔天巨浪。這消息讓人招架不住，我頭昏腦脹地朝辦公桌走去，內心開始匯聚一場情緒風暴：震驚、受傷、憤慨、氣惱，最強烈的就是有一種受到羞辱的感覺。這種事怎麼會發生在我身上？還有更糟的是，我怎麼沒想到會發生這種事？

我收拾完東西，離開那棟大樓，接著我發現我得告訴妻子這個天崩地裂的消息，此時原本那些情緒都退場了，取而代之的是更強烈的恐懼感。該怎麼對她說呢？孩子還年幼，又有貸款要繳，大家都得靠我，我如何是好？

開車回家的路上，我的自尊如自由落體般下墜。同樣的通勤路線，幾個小時前還覺得前程似錦，現在往回開卻像身在送葬的隊伍裡。早先從車窗吹進來的春日海風清新醒腦，這會兒卻變得黏膩又沉滯。有一點可以肯定，這無疑是我整個職涯中最難堪的日子。接著我的心情又轉為徬徨無助、深陷泥沼。身為專注於貢獻所長的專業人士，我一直希望能做得更多，但眼前的一切卻跟我的憧憬天差地遠。如今我唯一能感受到的就是茫茫然的不確定感。

然而，後續篇幅也會告訴各位，這次挫敗經驗最終成了發生在我身上最美好的事情，因為我的領導故事並未因此劃下句點，而是就此展開。這一刻正是所謂的「坩堝淬鍊」（crucible moment）*，我在無預警之下碰上被開除的厄運，這才首度開始認真思考是什麼原因妨礙我發揮潛能、實現夢想，並對周遭世界做出更深遠的影響。這種省察也是全面自我改造的第一步。

波折起伏

每次我講這個故事時，總是讓別人大吃一驚。自從我被開除、歷經過那段悽慘

*坩堝是一種杯狀器皿，最早用於鍊金術實驗，作為盛液體或固體進行高溫加熱的容器。

的歲月之後，走在領導旅程上的我得到了成功的眷顧，有幸成為知名總經理（至少在商業界來講）、《財星》（*Fortune*）雜誌前三百大公司執行長，也當過董事長。我除了擔任過納貝斯克食品（Nabisco Foods）總經理、金寶湯公司（Campbell Soup Company）總經理和執行長及雅芳公司（Avon Products）董事長之外，還享受到創業的樂趣，有幸擔任公共場域、非營利機構和學術界等其他領域的董事會成員。這些都是光榮事蹟，也因此當我提到自己被開除、找不到立足點的那段經歷時，別人聽了往往會坦白告訴我，他們還以為我的成功想必是那種一帆風順、平步青雲的故事。絕非如此，我的旅程就跟常見的情況一樣，一不小心就走向南轅北轍的發展。

我剛步入職場時，走得並不順遂。我從通用磨坊（General Mills）最基層的初級行銷助理做起，這也是我在企業辦公環境下工作的初體驗，但我覺得難以招架。這種角色顯然不適合我；猶記第一天上班時，我一頭狂放不羈的長捲髮、身穿寒酸的卡其布西裝走進企業總部。每一個人看起來都那麼體面俐落，唯獨我例外。那種得體的樣子我也表現不出來，因為我生性害羞又躊躇不前，總是感到彆扭尷尬。我苦苦尋覓立足點，勤奮努力，但起初未能拿得出令人眼睛為之一亮的成績。剛開始做這個助理職務時，最上頭的主管只在我的第一次績效檢討報告上批了幾個字：「你應該另謀出路。」職業生涯才在起頭階段就收到這種意見回饋，等於被潑了一大盆冷水。

不過我還是堅持下來了。在直屬主管的力挺與鼓勵之下，我終於得以升遷，也一路轉換到更高的職位，承擔更多責任。雖然我並不耀眼，也不是活潑外向的人，甚至說不上傑出，但我自始自終努力工作，全力以赴，盡心協助我周遭的人，所以才能成功向前邁進了幾步。

回到原點

但就在此時，「巨大」的挫敗重創了我——我被開除了。

被開除的那一天悲慘灰暗，我帶著苦澀又無助的心情回到家。我永遠也忘不了自己走進大門，像鬥敗的公雞似的面對家人的樣子。一向親切友善的我，心中燃起一股不尋常的怒氣。那天稍晚的時候，公司人事主管打電話來處理後續的離職補償金與工作交接的問題，我徹底被激怒，失去了平日的冷靜，對方話還沒說完，我就忍不住咒罵，掛了他的電話，絕望地把電話摔出去。

最糟的是我有一種受害者的感覺。對於自己的人生我沒有主導感，還陷入了自怨自艾的危險情境之中，總認為自己的整個職涯都被沖進馬桶裡。我努力付出，勤奮工作，默默守著規則和期望，處事循規蹈矩——這一切又落得什麼下場？我還有一大筆貸款要還，該如何是好；我害羞的個性總讓自己跟周遭世界格格不入，又該如何是好，這些我一點頭緒都沒有。我深陷瓶頸之中。

中心課題

我想得愈多，就愈是不明白，為什麼付出的心血沒辦法兌現成我所憧憬的職涯？為什麼我會經歷這些挫敗？即使我在職場上有了一點成就，卻似乎總是被某種東西絆住，導致我難以突破，無法成為我相信自己可以成為的那種領導者。**但究竟是什麼絆住了我呢？**

我沒有缺乏野心或職場道德的問題，畢竟我一向低調，總是埋頭苦幹，確實做到理應做好的事情。我也有充分的動力去競爭，當年讓我成功打進美國第一級大學網球聯盟賽的那份堅毅，依然在內心熊熊燃燒著。能力方面我也足堪大任，對於交付予我的工作，始終都能拿出游刃有餘的表現。另外，我亦擁有強大的價值觀，這一點無庸置疑，無論是家庭、信念或是對社區與公共服務的承諾，打從童年開始就接收這些觀念的灌輸，所以早已深植在於我的個人特質裡。

我的優勢這麼多，但有個問題卻顯而易見：我尚未摸索出該如何將這些特質轉化為致勝公式。換句話說，我還沒搞懂該如何善用「我個人」獨有的個性、動力、氣質和信念，把這些部件融合成「地基」，發揮無限可能與更強大的影響力。此外，那時候沒有人知道我擁有這些個人特色，因為我一向打安全牌，不敢冒險，安分守己。我欠缺一條能夠省察內在自我的途徑，或者也可以說我沒有方法可以向別人傳達我所重視的東西。但不管怎麼樣，很幸運的是，改變的契機來了。

一堂顛覆性的課

我處在人生的谷底，很清楚自己不應該再得過且過地生活。我想做更多事情；我渴望樂在工作，真正駕馭工作，並且因為我影響了這個世界而從中獲得成就感。然而，我不知從何做起，就跟我現在每天輔導的那些主管一樣，夾在生活與求職的雙重壓力之下，我不知該往何處去尋找，也搞不懂該如何著手。我的人生彷彿就這樣展開，我對它並沒有任何影響力，但我想成為造就自己時勢的那股驅力，不甘於只搭順風車。

如今的我已經明白當時的我還不懂的道理：人可以用內在所擁有的東西作為工具，從當下的處境開始做起，而且從小處著手即可。也就是說，**各位已經握有足以改造領導人生的原料**。

不過這番道理並非我自己學來的，而是有人從旁幫我。我被開除後請了就業顧問尼爾·麥肯納（Neil Mackenna）來輔助我，這位有話直說的顧問對於如何提升領導力給了我最佳指引。

我很慶幸自己當時吞下自尊心，回過頭來打電話給人事經理（沒錯，就是那位被我咒罵又掛電話的經理）。謝天謝地我打了那通電話，所以人事經理才有機會幫我跟尼爾牽線，而認識尼爾之後，也改變了我的一生。

尼爾為人直率，說話不拐彎抹角，有著新英格蘭人熱情的氣質。你的牢騷抱怨、胡亂牽扯亦或是「我好可憐」那種受害者論調，他一概不遷就；連一秒都不肯。我看得出來他很關心我，打從心底想幫我，但他實際上是個硬漢。這也是為什麼第二次見面時，聽到他要我把自己的人生故事寫出來給他看，我會嚇一大跳。那種情景就好像有一個很強韌的男人竟然提出了異常親密的要求一樣。不過他沒有妥協空間，堅持要我寫，哪怕要花很多時間也沒關係，他希望我把記憶中的每一個細節都寫出來。我很猶豫，但找到工作這件事迫在眉睫，他又說把自己的故事寫出來對求職很有用，於是我便如火如荼地執行打造自傳的任務。

尼爾指示我這件任務之前，我從不曾花時間認真思索自己的人生經歷。大部分的人也應該沒仔細想過。回顧過往人生其實是一件挺彆扭的事，不過我嚴肅以對。我洋洋灑灑寫了很多，包括自己在芝加哥郊區長大成人，底下有三個弟弟；身為網球選手的我有著不服輸的精神；家庭從小就灌輸我服務、堅毅和勤勉等價值觀的重要性；我十分欣賞母親直爽的個性。也提到我妻兒對我無條件的愛與支持；我們夫妻的原生家庭有哪些值得仿效的楷模人物；我對老羅斯福總統（Teddy Roosevelt）的景仰；路易斯·莫（Louis L'Amour Western）的小說讓我愛不釋手；我喜歡探索運動界與公共領域的傑出人士的故事。任何我想得到的點點滴滴，全都寫進去了。寫完後我交給尼爾，心中不無疑惑，竟然會有人想看這種流水帳。

直言不諱

兩週後，尼爾從頭到尾讀完了我的故事，大致從中抓出一些結論。他直言不諱地告訴我，我沒有全力發揮潛能最主要的原因就是我對別人「撒謊」；換言之，我沒有展現出真正的自己。「你寫的內容跟你本人搭不上，」他用一貫的唐突說道。一開始聽到這種指控時，我氣得火冒三丈。「我才不是騙子。」我告訴他。

尼爾指著我寫的稿子繼續解釋說：「寫了『這個』人生故事的人，是一個破釜沉舟、驍勇善戰的競爭者，但你在同事面前的形象卻完全相反。你用順其自然、審慎穩重的面貌待人處世，可是寫了眼前『這個』故事的道格卻是個領導人物，也是鬥士。」他懷疑地說道：「寫這個人生故事的人，和你對周遭世界所表現出來的那個人，完全不一樣！」

一切逐漸明朗起來。我與別人之所以沒有連結，是因為別人從未認識真正的我。我總是隱藏自己，甚至連這一點都沒有意識到。為什麼？**因為那個真正的自我，沒有根基支撐**。我不曾探索過自我，這樣一來就無法跟構成自我的元素連結，況且我也沒有接觸過好用的方法流程，對真正的自我尋根究底，一如今日許多領導者會碰到的狀況一樣。

有鑑於我還有求職這件艱鉅的任務要解決，尼爾警告我說：「你並未對別人如實展現你的自我，你的面試恐怕會一塌胡塗，因為他們看不到『真正』的你。」聽起來真刺耳，但我也明白他說得很有道理。我沒有真心誠意展現自己，沒有表現出我要追尋的「任何一樣」東西，那麼別人又如何得知我有強烈的決心、有堅強的心靈、有貢獻己力的渴望？我既沒有說出來，也沒有表現給別人看。我總是很低調，大多隱身在辦公室裡做我的工作。我制訂了半調子的計畫，試圖用不一樣的方式來做事情，但由於我不知從何著手，窮於應付工作，所以那些計畫終究實現不了。

一直以來，我都向外尋找解答，把自己的受挫歸咎於世界太複雜，歸咎於老闆太苛刻，歸咎於各式各樣的外界因素。然而，尼爾這番當頭棒喝的對話打開了我的眼界，也改變了我。我這才領悟到，想要改變自己，更加努力是沒有用的，而是要「用別種方法」努力，去「做」不一樣的事情。提升影響力的祕訣說不定根本就不在「外界」某個地方，也許那個祕訣始終都在我內心深處，等著我將它轉換成一個平台，讓我能用這個平台來達到目標，跟那些和我一起生活、工作的人建立更深的連結。

我不能再袖手旁觀，等著事情自行改變。如果想全力發揮潛能，我必須下功夫。

我下定決心忠於自己身為運動員不服輸的精神，盡我所能努力學習有關領導的一切。漸漸地，我醉心於研究這門學問，把能找到的領導相關書目都讀遍，並且不斷實地演練。我找良師益友和專家，向他們諮詢各種問題，致力於追求卓越領導的境界。最後，我在四十五年來的職業生涯中踏入各種不可預見的冒險與挫敗，也嚐到不曾想像過的勝利滋味，並從中開發和琢磨出能改變人生的六步驟，現在就簡稱為「藍圖」，它不但改變了我的整個職涯軌道，也將我的領導力提升至新高度。

分享藍圖

我這條通往成功領導的路，走得崎嶇不平，剛開始舉步維艱，處處是挫折，花了很長一段時間才掌握實用的方法，得以發揮潛力，所以我希望各位不必再走冤枉路。

當今領導者沒有時間自己去找出這種方法。生活步調不斷加快，科技已經對人們設下了一種心照不宣的期待：我們無時無刻都要在「線上」，隨時隨地都要讓人找得到。近幾年來，我們接收的簡訊和電子郵件是過去的三倍。期望也隨之拉高了；公司要的更多、更好、更快。現在我之所以要把「藍圖」分享給各位，就是希望各位不必再經歷一次我過去為了找出如何提升領導力至新高度所走過的那段過程。

我每天都在跟領導者談話，擔任他們的教練，給予訓練和指引；這些領導者亟需協助！他們想做更多事情，想擁有更大的夢想，也想變成他們自知可以成為的那種領導者。但是他們十分忙碌，壓力又重，也不知道該上哪兒去找實測過的方法，幫助他們拿出更好的表現。現在，這個最困難的部分我已經做完，不管是經驗豐富亦或是有遠大抱負的領導者，再也不必靠自己跌跌撞撞去摸索了。

這本書花了數年的時間製作，但你絕對可以應用在「當今」的情況之中。我採用藍圖的六個步驟改變了我的領導人生，所以各位只要遵循這六步驟，同樣也能在這個要求很高、混亂複雜且時間又不夠用的世界裡發揮你的潛能，拿出愈來愈亮眼的成績，並且享受這個過程。

特別為「你」量身打造

《領導力藍圖》最重要的地方就是它以「你」為主角；換言之，你不必學別人的領導方式。六步驟教你認識自己，協助你打造專屬於自己的框架，用唯獨適合你的方式，以自身的領導聲音和風格來達成目標。你只需要認真按照這些實用的步驟去執行即可，而且《領導力藍圖》的每一個步驟都很簡單，也容易控管，沒有任何一個環節必須做到「完美」或「完整」；畢竟，人生也不是這樣過的。

竅門

有一個小竅門要告訴各位：這趟改造領導之旅永無止盡，當你踏入旅程時必須先有這樣的認知。也許你馬上就看到立竿見影的效果，不但有明顯的改變，也達成了目標，即便如此也絕對不算真正「完成」旅程。這條路一旦踏上了，就不會停下來。

藍圖六步驟雖然有編號，但不是按順序發展的單向流程，它強大的原因在於具有循環特性。也就是說，六步驟會一再重複，特別能配合各位的人生步調與節奏。有鑑於現代生活的步調不斷加快，你現在所過的生活結構錯綜複雜，十分適合運用這種循環式的改變進程。藍圖的步驟很簡單，可以在任何方便的時候開始著手、重新檢討並予以修正。換言之，你可以從現在的處境、現在所擁有的資源，依照自己的速度在你需要時持續改良。這個過程永無止盡；從結束的地方開始，再從開始的地方結束，每一次都會愈做愈好。

從頭到尾把六步驟做過一遍之後，就要有心理準備這輩子會一再重複實踐這些步驟，不斷地琢磨、進步並達到更高水準。漸漸地你會發現執行六步驟變成一種習慣成自然的事情，而且每做一次速度就變得更快。步驟簡單，卻非輕鬆之事。這是辛苦的功課，不過絕對值得。夢想遠大，但人人有機會實現。一起行動吧！

關於《領導力藍圖》

本書分成兩大部分，協助各位制訂和打造專屬路徑，全力發揮你的無限潛能。有了這本指南書，你可以在每週一早晨用它的實用建議來獲取短期成效，也可以透過六步驟藍圖制訂策略，追尋你遠大又充滿雄心壯志的目標。

各位也會學到如何把個人對領導的見解與期望融入組織的期望當中。倘若不能實際應用改良過的方法，那麼就算你的領導能力進步了也是枉然，因為六步驟的功用固然是提升你的個人領導力，但其設計也是為了幫助你整合在職場所學到的東西，進一步替組織實現更強大的成效。整體來講，《領導力藍圖》可助你突破瓶頸，擴大影響力，甚至改變你的領導人生。

第一部：藍圖

「第一部：藍圖」會引導各位逐一認識自我省察和學習研究的實用六步驟流程，我本身就是用這套流程來構築成功領導的「地基」。此流程以我個人走過的經驗與學到的教訓為本，既不是紙上談兵，亦非精確的科學方法。也就是說，有別於領導場域裡諸多教授、權威大師或思想領袖，我提供的改變流程所用的基礎材料是自己一步步在企業升遷，從最基層爬到領導最高層為止的實際經驗，再靠著終身學習及多年來教導數百位高層與主管領導課題，進一步強化這套流程。

各位會在第一部學到如何利用簡單的小步驟達成大目標，同時深入瞭解為什麼得先深挖內在，才能進階到更高境界，又為何樹立穩固地基是追求成功領導的首重先決條件。每一個步驟各有練習活動和提示問題，供各位省思。我會一步一步帶領各位學習如何具體表達你的領導「使命」和「信念」、如何找出自身獨有的長處和價值觀、如何設計「領導模型」及如何打造適合你的實踐做法寶庫。

如何使用第一部

第一部附有可以實際操作的練習，所以請把筆和一包便利貼準備好。

各位若是不喜歡在書頁上寫東西，那麼建議你多加利用我們的電子練習簿作為輔助工具，免費下載網址：conantleadership.com/blueprint。電子練習簿當中除了有提示問題可以輔助你做練習之外，亦有空白處可以記錄答案，並提供對於你的藍圖之旅很有用處的補充材料。

如果你不習慣把練習題的省察結果和答案記錄在書本或電子練習簿上，不妨利用筆記本、筆電或手機裡的筆記應用程式，只要是可以讓你記錄想法的工具都可以。

便利貼

各位在做第一部的練習題時，我十分鼓勵使用便利貼來記錄關鍵想法和重點。一小包便利貼乍看之下好像沒什麼，但等到你跟著藍圖流程建立個人的領導模型時，就可以把這些便利貼當作積木一樣來拼湊模型。

倘若各位從我的網站下載電子練習簿來使用，你會發現各章節結尾處會有筆記，你可以在上面記錄任何「靈感」，例如說各種筆記、想法、問題、字詞及做各個章節的練習題時所得到的啟發。另外練習簿也會提醒你把有意義的字詞、想法、點子、實踐方法或詞彙，每一個寫成一張便利貼，然後貼到「筆記」頁面上。

跟著第一部做到結尾時，你會累積很多「靈感便利貼」，之後在開發領導模型的原型時，這些便利貼就會派上用場。不用電子練習簿也沒關係，只要是適合你的工具，不管是日記、筆記本或一疊紙，都可以用來整理你的便利貼。

第二部：宣言

各位會透過「第二部：宣言」把握住基本的領導要領。當你隨著《領導力藍圖》

一步步向前邁進，就能為自己量身設計領導「地基」，展現你獨一無二的風格。

不過，唯有深入理解領導的真義，掌握到無論碰到什麼樣的實踐者，都能讓領導有效的不朽原則，如此才能形成最強大的後盾，助你實現專屬於你的領導之夢。

藝術、文學和商業界偉大的創新者，往往都得先對創作的原則瞭如指掌，才有辦法打破原則或更加精進，這個道理也適用於領導。若要讓領導力蛻變進化，就必須先瞭解領導有哪些面向是固定不變的，不會隨著時代、情況或涉入其中的人員而有所改變。「第二部：宣言」闡述「有效領導」的基本原則，這些都是我見證和體驗過的原則。我會在這個部分介紹十個基本領導原則，搭配一些生動的個人小故事、同屬領導階層的同事與同輩的經驗，並提供經實際測試有效的實踐方法，讓各位能夠立即應用。

各位準備好了嗎？我非常興奮有你的加入。掌握領導的基本要領之後，你能探觸的東西又更廣了，可以做任何需要花心思的事。只要走過六步驟，便可達到更高境界，開始朝你想要成為的領導者邁進，最終你一定可以擺脫庸庸碌碌、不堪負荷的領導者形象，不再漫無目的地熬過一個又一個任務，從此重生為神采飛揚、實踐高尚領導精神的人。是的，你做得到！

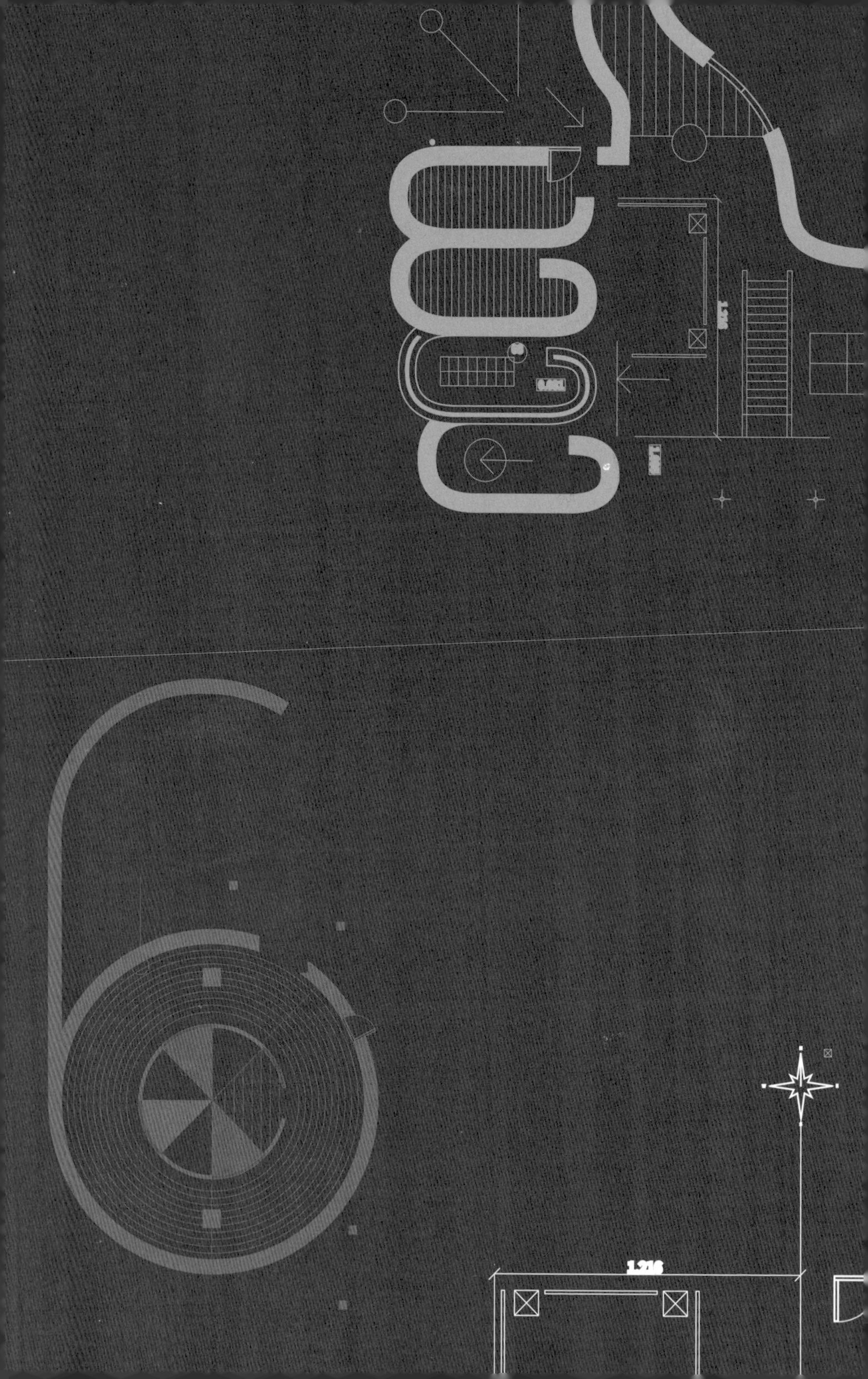
1.216

1 PART

藍圖

突破瓶頸

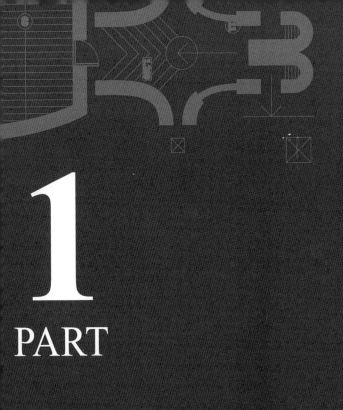

第一章

Chapter One

地基是一切的根本

「世上唯一不變的，就是一切都在改變。」

—希臘哲學家赫拉克利特（Heraclitus）

請先掌握領導者現今所面對的問題根源，才能充分利用這本書。

世界快速變遷，這些變化反映在現代職場上的方式讓人暈頭轉向，你為此尋求切實可行的因應之道。數位時代開啟了空前複雜又失衡的年代，過去下達問題控管流程的階層結構，如今已然崩解。科技加速商業步伐，簡訊、電郵、推播通知等各式各樣的傳播與訊息不斷湧來，對著人們疲勞轟炸，逼得大家喘不過氣。更有甚者，世界各地如今有六個不同世代的人，這些多半有著不同溝通風格和價值觀念的男男女女，肩並肩一起合作。

這種日常轟炸該如何管理，以前有一個常用辦法，就是問老闆該怎麼做。可是如今階層結構已經瓦解，領導者本身也因為大大小小的事情應接不暇，所以老闆通常會希望你自行搞定問題。領導力現在操之在你手裡，尤甚以往。

據我多年研究並從實際領導的過程中觀察，再加上在職場上持續受到訓練以及輔導其他領導者的經驗，我發現大多數人連找「手感」的餘裕都沒有，更別提哪有時間體驗到「手感發燙」的感覺。領導者如履薄冰，奮力掙扎，只求別沉下去。大家都知道自己得做得更好，而多數人也真心想拿出更出色的表現，你或許就是其中之一。你希望自己隨時能出面給予部屬支持的力量，希望會議開得更有效率，希望更專心聆聽別人說話，希望可以提供更多思考方向，希望繳出更搶眼的成長表現，希望人際關係經營得更好。你也希望激發團隊的活力，用創新的方法讓部屬對工作更敬業，諸如此類，你想做的事情綿延不絕。不過，擺在眼前的現實卻是如此：緊急狀況出現，又有一通來電等著你、會議開太久、孩子的學校打電話來；又或者還有更慘的，你被炒魷魚、公司被收購、你病了……各種壞消息接踵而來。結果，想辦法做自己想做的事又只能無疾而終，這已經不知道發生幾次了。如此情況在所難免，但這樣下去是撐不了多久的。想要有更高層次的貢獻，想達到所設定的目標，就必須找到一個可以讓你做得更好的方法，突破瓶頸，而且這個方法還得跟你忙碌又快節奏的生活步調配合得恰到好處才行。

不必大費周章花上幾年的功夫去探索挖掘，你需要的是一種能拆解成一個個環節並加以控管的方法，這些環節就是體察你現實日常的簡單步驟。

從小處著手

羅伯．茂爾博士（Dr. Robert Maurer）是加州大學洛杉磯分校臨床心理學家，專長為協助人們用可行的辦法來改變自己。他在著作《涓滴改善富創巨大成就》（*One Small Step Can Change Your Life*）中對於如何改變分享了自己的看法：你應該從微小的一步開始做起。換言之，如果要做的改變愈大，這位教授會請你把起步做得愈小愈好。例如說現在有一個人想開始用運動養生，該怎麼做呢？茂爾會告訴他每天站在跑步機上一分鐘——只要靜靜站著就好。一旦把這個簡單到有點好笑的小步驟養成習慣，那麼該行為勢必會（而且很奇妙地）擴大為人生中不可或缺的一部分。六十秒站著站著往往到了後來就變成慢跑半小時以上。

人天生有一種傾向，會迴避那些看起來很麻煩、太困難或可能導致失敗、危險或悽慘下場的事情，而茂爾的方法之所以有效，就是因為它比大腦的運作略勝一籌。他的病人面對如此簡單的起步動作，反抗心理自然也會鬆懈下來。另外，由於這種方法可以配合現代的生活步調，所以更是加倍有效。你那光怪陸離的行程雖然已經容不下再安插一小時的時間來運動，但想必人人都有辦法挪出一分鐘。那麼，你就從這一分鐘開始吧！茂爾的小步驟方法可以應用在任何目標上，運動只是其中之一。

詹姆斯．克利爾（James Clear）是習慣領域專家，著有《原子習慣》（*Atomic Habits*），他多年來對習慣課題做了不少研究，找到諸多證據支持茂爾的「小步驟」概念。克利爾主張應將重點擺在該用何種機制來幫助人們達成目標，別再執著於目標本身，而掌握小習慣的力量正是該主張的精髓。克利爾指出：「人總是一再催眠自己，想要有大成就就必須採取大動作。」但實際上我們只需要改進百分之一，就會有更好的成果逐漸顯現出來。舉個例子來說，現在花一小筆看似不多的錢來做金融投資，日後便會得到鉅額紅利；同理可證，我們也可以把細微的改變和進步當作出發點。克利爾解釋說：「習慣就是自我提升這件事的複利……就特定某一天來說，習慣看似沒有激發什麼變化，但經年累月之後卻能造就巨大的影響。」從頂尖的專家所做的研究與建議也可以清楚看到這一點。以漸進式步驟做小小的改變，便是讓自己愈變愈好的聰明做法。

拋開完美主義

快被期望壓垮是當今職場人士所面對的問題之一。眼前的「待辦事項」一大堆，就更別提未竟之願總是無疾而終的老話了。這一切真讓人受不了；那一長串的目標與抱負映入眼簾，真的會讓人氣餒到不知該如何下手。

我每天跟領導者談話，他們說自己陷入瓶頸。深談下去之後往往可以發現，這有一部分是因為他們屬於那種會鞭策自己的學霸型人物；除非他們把這件事情做到完美，否則不會願意重新開始去學習新事物。但完美其實不切實際。（誠如以前的一位精神導師對我說過的話：「別讓『完美』成為『不賴』的敵人。」）

若想擊敗這種令人窒息（且普遍存在）的完美主義，並且避開大腦會對新事物產生抗拒的天性，你需要一條從小處著手、可反覆執行的途徑。這種途徑可拆解成切實可行的步驟，並且能隨時加以改良，但又不必改良到完美或完備的境界。你知道為什麼不需要完美嗎？因為人生絕對不完美，碰到的處境不會盡如人意，而你個人的成長也不會有完備的一天。事情不是這樣運作的。

你需要一種可以讓你能從今天就做起的方法，這種方法以小地方切入，卻又能產生很大的成效；而這也是《領導力藍圖》的宗旨。為此你會先花一些心思，不過只要起頭，你的領導生涯就等於拿到一張王牌。無論你想做什麼事，這張王牌可以替你一次搞定，因為無論在什麼時機、碰到何種情況，只要用這種方法你的行為就會改變。

打造未來

被開除之前，我不曾好好想過這種事。我沒思考過除了努力工作之外，如果想更上一層樓的話要付出什麼心血。不過我在後來的旅程中學到，光有強烈的職業道德是不夠的，你必須對自己的領導力注入紀律和周全的思想；換句話說，**你必須先有想改變的意圖**。

為此，你得先想辦法跟最真實的自我連結，這樣才有機會跟他人連結，充分開發他人的潛力。你應當一磚一瓦，從立柱一直往上蓋，「打造」自己的未來領導之路，如此方可真正功成名就，而打造的方法就是「從內而外」。我已經從經驗得知，你以為問題的解答就在「外界」某個地方，這種想法其實是錯的。能助你達成目標並在過程中得到喜樂與成就感的領導方法，一定來自於內在，「外界」沒有人可以替你辦到。

好處是你若願意走一遍流程，就可設計自己想要的人生與領導力。接著你便可以建立、加強和精進此流程。也就是說，你可以挑選你心目中既富有成效又能讓你樂在其中的領導方法，並且著手實踐它，完全取決於你。方法如下。

如建築師般深挖以達到更高境界

「自由從內在而來。」——美國建築師法蘭克・洛依萊特（Frank Lloyd Wright）

「我由內而外做功課。」——美國建築師法蘭克・蓋瑞（Frank Gehry）

在開始做你的六步驟藍圖之前，先思考一下藍圖的功用，可以讓你的想法獲得啟發。對世上大部分的人來說，藍圖指的是能實現建築師夢想的工具，至於**本書所說的藍圖則是指一種可以實現領導者之夢的工具**。你建造的是未來，而不只是一個框架；構築出來的成果雖然不像水泥、鋼筋或玻璃之類的東西那般具體，但其壯麗雄偉卻不輸耀眼的摩天大樓。你不用蓋建築物，盡情展現領導之夢才是你的任務。利用藍圖流程練就一身好功夫，你就能以最適合自己的方式做到成功領導。

我們既然借用了建築師和工程師的藍圖作為靈感，那麼不妨來思考一下他們是如何建造那些高聳入雲、令人嘆為觀止的建築物。隨便問任何一個優秀的結構工程師蓋摩天大樓的祕訣是什麼，他們一定會告訴你關鍵就在於打下很深的地基。建築物要蓋得高，地基就必須打得又深又牢固。高樓大廈要是沒有紮實的地基，一定後患無窮，例如說建築物可能會因為承受不了本身的重量而倒塌，或禁不起強風、地震之類的天災。地基若是打得不夠深、不夠穩，建築物就很難蓋得高或抵擋暴風雨的襲擊。

這個道理也適用於領導。我過去擔任過各種領導職務，有第一手經驗，也因此我發現成功的領導者都具備紮實牢固的「地基」。地基幫助領導者堅守自身的信念與價值觀，忠於自己獨一無二的性格、個性和氣質，並得以用最有生產力的方式發揮他們一身的本領。

以穩固的地基來行事的領導者，碰到困境與危機時比較不容易被淘汰或擊倒。他們在建構自身的領導方法時，能挺身而立、守護自我，對於該怎麼應付各種情況有一定的信心。領導者的地基愈強健，就能達成更高的目標。**這也是利用六步驟藍圖打造個人領導之路時，要特別著重的地方：你所設計的地基，必須有辦法讓你打造出挺得住風吹雨打的個人領導方法。**

該怎麼做？以下章節會帶領你透過藍圖的六步驟，建造個人的領導地基，而這個地基正是那把解開你所有潛能的鑰匙。

你的地基是什麼模樣？

對我們而言，「地基」是你獨特的個性、動力、氣質、價值觀、信念及一身技能的整體呈現，同時也是一個平台，讓你得以在忠於自己的條件下，善用這些特質來達成目標。之後隨著你對如何實踐才能富有成效學到更多知識，再加上觀察其他領導者令你敬佩的作為，又會進一步加強鞏固你的地基。

你利用藍圖六步驟蒐集主要組件，意思是說，在我的引導性提問之下進行自省與學習，你就可以把地基的下列原料挖鑿出來：

- 領導使命──你決定承擔領導責任的理由。
- 領導信念──你影響他人時所秉持的思維。
- 領導模型──你個人對領導信念、使命與技巧的呈現。
- 領導實踐寶庫──領導模型上運作的一系列作為。
- 領導精進計畫──一些重點區塊與關鍵動作，有利於你啟動這一生持續自我精進的工程。

這些地基組件若是分開來看，其威力比不上合體之後的強大。組件若是能融合成踏實穩固的東西，從內在支撐著你，那麼地基就可以得到強化，你便能穩穩踏在地基之上，你的領導精神也會拔地而起。而這一切的先決條件就在於你用來打造地基的各個組件必須統整成一個有凝聚力的整體，組件之間環環相扣，每一步驟都跟前後步驟密切連結。

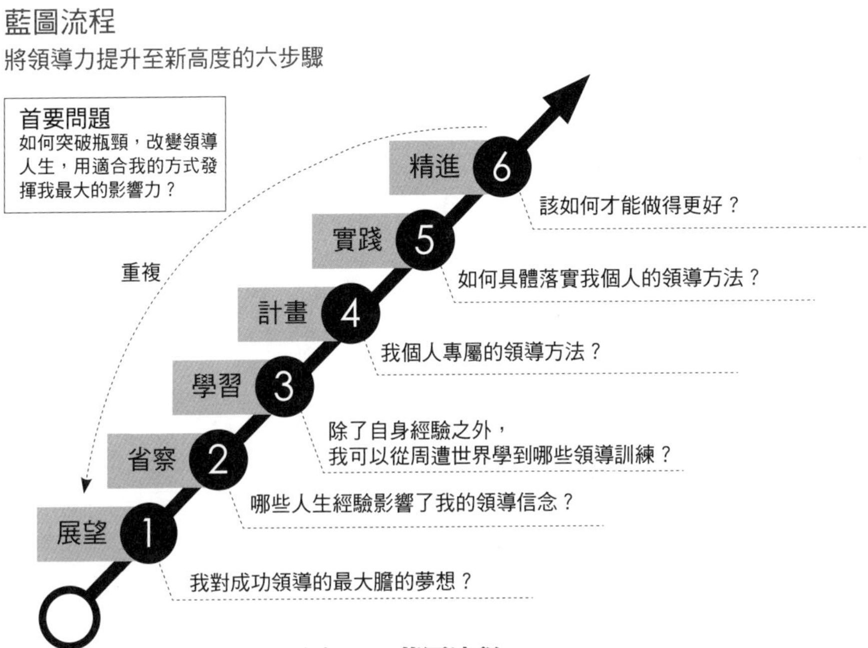
藍圖流程
將領導力提升至新高度的六步驟
首要問題
如何突破瓶頸，改變領導人生，用適合我的方式發揮我最大的影響力？
重複
精進 6
該如何才能做得更好？
實踐 5
如何具體落實我個人的領導方法？
計畫 4
我個人專屬的領導方法？
學習 3
除了自身經驗之外，
我可以從周遭世界學到哪些領導訓練？
省察 2
哪些人生經驗影響了我的領導信念？
展望 1
我對成功領導的最大膽的夢想？

圖 1.1：藍圖流程

簡而言之：

地基就是你創造**什麼**。

藍圖則是你**如何**創造。

六個步驟

這個含有六步驟的藍圖流程（上圖1.1），可以打造你用來提升領導力至新高度所需的「地基」。而地基能讓你向下扎根，在你向上攀升之際，助你穩穩踩在地上。過去我從被開除到後來成為樂在工作的董事長與執行長，就經常使用這六步驟。

這個流程先從改變心態切入。你若把領導這種事當作尋常職務來看待，那麼你得到的自然也是尋常的成果。然而，領導不只是一個職務而已，真正富有成效的領導就像一門「技藝」，必須用意圖加以砥礪，用心去實踐，並且不斷精進。**以下六個步驟幫助你打造地基，達成你設下的任何目標。**

第一步驟：展望——達到更高境界

首先，你必須有想做得更好的意圖，並且**展望**自己想要的成功是什麼樣子，才能達到更高境界。你會在這個步驟初次嘗試清楚表達自己的**領導使命**。

第二步驟：省察——深度挖掘

接下來的步驟是**省察**個人經驗，揭開你的領導信念，深入挖掘是什麼造就了你這個人。你會在這個步驟找出自己的領導所依附的人生教訓，逐漸對自己獨特的個性、動力、氣質與一身技巧有更深入的認識。

第三步驟：學習——奠定根基

在步驟三你要做的是**學習**，也就是除卻個人經驗之外，你利用向周遭世界學來的各種教訓與洞見奠定根基，補好深挖出來的那些缺點。聽起來乏味又高深，不過做起來不會有這種感覺。你可以從周遭的任何地方去找尋靈感，不必往布滿灰塵的舊書本裡鑽。你的**領導信念**會在這個步驟變得更具體堅固。

第四步驟：計畫——設計

接下來是比較好玩的步驟。你要運用設計思考再加上一些提問，搭配便利貼與紙筆來構思你的計畫，也就是把你以**領導使命**和**領導信念**為出發點所展望的**領導模型**精心設計出來。

第五步驟：實踐——建立

此步驟會為你的改變流程建構**實踐**做法。你利用這個步驟腦力激盪一些可以實際去做的簡單行動，即具體可行的實作措施，著手將這些行動融入到習慣當中，並且從中領會重複與**刻意練習**之間的重大差別。接著你就可以開始打造**實踐寶庫**，按部就班用一連串行為，幫助自己更精準地落實你設計的領導計畫。

第六步驟：精進——加強

最後要做的就是**精進**，繼續從做對的地方及可以改善的地方學習，不斷加強地基的強韌度。在這個步驟中你除了能體悟到為何最傑出的領導者必須秉持「不成長就等死」的精神之外，也會制訂簡單的**精進計畫**，刺激自己在這趟持續進行的旅程中向前邁進。另外，你也要以目前所效勞的組織為準，根據組織的期望來調整你的領導方法，因為《領導力藍圖》的主角雖然是你，但它存在的目的也是為了協助你在這個世上發光發熱，為組織實現更好的績效。

這六個步驟最終會合而為一，變成行為與信念環環相扣的地基，你應當繼續改良這塊地基，再應用到整個領導人生當中。每走過一遍藍圖六步驟，就會變得愈來愈得心應手，我也會從旁引導各位認識與操作每一個步驟。現在，就讓我們開始吧！

第二章

Chapter two

人生故事「等於」領導故事

「成為領導等同於成為你自己。
就這麼簡單，也那麼困難。」
—美國領導力學者華倫．班尼斯（Warren Bennis）

尼爾．麥肯納要求我做的第一件事，就是把我的人生故事寫下來給他看，那時我覺得很詭異，畢竟跟別人分享私人生活細節對我而言並非信手拈來的事情，自然也不是尋常會做的活動。但也許就該這麼做，因為商業界一些最聰明的人士就用過類似的戰術，例如說吉姆。

吉姆．米德（Jim Mead）是最厲害的獵人頭師之一，十分擅長為企業物色人才。或許你沒聽過這個人，部分是因為他已經退休好幾年了，但最大的原因應該是吉姆虛懷若谷，不愛出風頭的關係。他不追逐鎂光燈，四十年來默默守在幕後，盡責地尋覓和招募企業界最成功的重量級人物，更不用說我在納貝斯克和金寶湯公司所建立的大部分團隊就是多虧他當推手，團隊中有三十九人後來在聲譽卓著的組織裡擔任執行長。這些年來我十分仰仗吉姆的協助，有一段時間幾乎每天都有機會跟他談話。而且你知道嗎？我們共同延攬的每一位人才，多半最後都會變成傑出領導者。吉姆就是有這種神奇的魔力。

那麼他是如何做到「慧眼識英雄」的呢？一般人自然會以為他想必問了許多技術問題，直接針對職務來處理，把招募對象的工作經驗都挖出來。沒錯，他的確把他們的工作經驗都挖了出來，但並非從職能方面切入。吉姆從招募對象的**人生故事著手**，也就是他們的整個人生歷程，而不是職場經驗。他要求這些候選主管把自己一生的故事從頭到尾講給他聽。

吉姆透過這種方式收集資料，所以他交給企業客戶的主管側寫報告（他估計自己在職涯中寫過大概一萬人次的側寫報告）可以說十分全面且鉅細靡遺，對於即將加入團隊的人才的教養過程、中學時期的求學點滴、興趣嗜好和人際關係等多有描寫。例如某主管如果在樂團當過長笛手，那麼這件事肯定會出現在報告裡。要是小時候在雜貨店打過工，報告裡也一定看得到這段經驗。跟祖父母特別親或跟兒時寵物形影不離呢？當然也會寫進報告裡。吉姆準備的不是「主管」這個角色的速寫，而是一個複雜與輝煌兼具的完整人生快照。

你大概會好奇吉姆為什麼要把看似雞毛蒜皮之事寫進側寫報告裡。這些候選主管小時候愛不愛他們的寵物跟現在能不能領導《財星》雜誌前五百大公司的全球業務或某個部門有什麼關係？答案是：關係可大了！

世上只有一個你

現今領導者碰到的問題，很多都是因為他們認定職場生活和實際人生是兩碼子事。領導者的職業生涯遇到瓶頸時，往往因為對自我的觀點過於侷限而不知所措。他們把「職場」和「私人」兩種身分分開來看，這兩種身分不一致，彼此沒有融合之處。（當然，有一些區隔其實是好事，譬如工作壓力就不該帶回家配晚餐，或反過來說家務事也不該帶進辦公室裡。）不過，從吉姆的認知再加上我後來逐漸明白的道理，你必須徹底探索「自我」，也就是洞悉真正完整的你，才有辦法解開更優質的領導力。換句話說，真正完整的自我不只是那個有業務專才或雄厚行銷資歷的你，還包括了那個會幫忙照顧弟妹、會做超級美味的烤肉醬或身為大學足球隊死硬派粉絲的你。

你若是想全力發揮潛能，便不可將一部分的自己關閉，或藏起某個部分的你。或許曾有老師、父母或老闆告訴過你，做事情「不到位」卻想得到預期效果是不可能的。所以，只用一半的自我去提升領導力，也會碰到同樣的狀況，不會有什麼效果。誠如我在尼爾的協助下所領悟到的，我的職涯目標之所以無法達成，是因為我隱藏了真正的自己——如果只用半個自我，就不可能完整呈現你的領導。

最出色的領導者正是想通了這個道理，所以會把完整的自我帶到職場上。這些領導者完全以真我為根基，他們的行為舉止隨時隨地都會彰顯這一點，不管是在職場上或職場外。

雖然吉姆．米德會說他都是「順著自己的直覺走」，對我們藍圖六步驟之類的流程敬謝不敏，但他深知一個人的人生故事其實就等於領導故事，這兩者是合而為一的。他清楚知道人生中的你，便是職場上的你，而這樣的認知也造就了他把工作做得如此出色。倘若你在藍圖六步驟的任何一個練習活動當中，發現自己在納悶「為什麼我要這麼仔細地省察自己的人生」時，別忘了這個道理。

把握最重要的事情

尼爾請我把人生故事寫出來之後，接下來又用他稱之為「老實演」的練習活動，幫我把注意力放在最重要的事項上。我們透過這個練習假裝正在進行工作面試，不過角色對換過來，由尼爾來演我，也就是他變成道格的角色，我則扮演獵人頭公司的經理。換成站在別人的立場設法去瞭解我自己和我的目標與長處時，這才發現想在面試過程中深入瞭解我這個人實在不容易。

我自認很內向，外界的標準也驗證了我對自身的評價——我做過 MBTI 性格類型測試（Myers–Briggs Type Indicator），結果有五次被評估為內向。就人生的前半場來講，我算很矜持，沒辦法大剌剌地談自己，這一點從「老實演」練習就可以清清楚楚看到。尼爾實在演得太逼真，像極了真正的演員，他那吞吞吐吐又猶豫不決的模樣，把我演得活靈活現。這種場面讓我很火大，因為我從他身上挖不出任何東西！我換成尼爾的身分，用面試官的立場來看自己之後，才開始明白原來老闆或獵人頭公司經理在跟我互動時會有多挫敗。

我在尼爾的幫助之下體認到，這個問題有一部分是起因於我個性害羞沒錯，但更確切來講，是我沒辦法明確表達自己的職業生涯和人生的目標，因為我根本沒有花時間去想清楚。「道格，」尼爾對我說道：「你之所以對自己要追尋什麼這類問題支支吾吾，是因為你不知道答案。你得做一些功課，把答案查個水落石出。」他說得沒錯；我不曾仔細思考自己對於成功領導最大膽的夢想，沒想過對我而言最重要的東西是什麼。我知道我希望自己在職場上扶搖直上，讓我能養家活口。不過我少了清晰明確的意圖或使命，缺乏某種能激勵我的中心理念，某種能讓我的努力充滿意義的東西。

接下來跟尼爾相處的那幾個月，以及後來踏上我個人領導旅程的那數年間，我決心把這樣東西找出來。我做了很多功課，尋尋覓覓，終於找到了一些開創性洞見。對自己的品格和能力有嶄新的洞察之後，我生平第一次找到了立足點，逐漸瞭解自己想從人生和領導當中得到什麼。一直以來我都以為自己知道要追求什麼，卻從不曾把我覺得最重要的事具體化為精簡的「意圖」，例如我想領導大型組織或協助打造能抵抗批評的高績效團隊等渴望。直到尼爾把我推上探索自我之路後，這一切才有了改變。這條探索自我的道路引領我研究學習史蒂芬．柯維（Stephen Covey）之輩的領導哲學，這些人士進一步啟動了我的能力，讓我清楚看到什麼對自己最重要。在他們的幫助之下，我總算得以對重要的事情及如何做出貢獻有了清晰的展望。

接下來我會在後續章節中利用我個人做過的一些活動，再加上經過時間考驗的提問，來協助各位做這件事，使你也能夠展望到穩固的領導意圖。

我把以前跟著尼爾做過的練習濃縮成扼要版，為了奠定根基，先請各位做完這個練習活動。你不一定要把自己的人生故事「完整」寫出來，但寫得愈完整，就愈有利於你在踏上藍圖之旅前先抓出「人生故事」的亮點。

領導故事的亮點

你會從這個練習中對什麼造就了你這個人有更深入的認識，接著再利用這層認知來展望一條有成就感的人生與領導路徑。

你大可按照自己的喜好來做練習，無論是用紙筆、筆電或電子練習簿都無妨，也請準備好便利貼，用最適合自己的方式完成練習即可。

領導故事的亮點

開始著手

想一想到目前為止，你的人生與領導故事最重要的面向是什麼。有鑑於人生與職涯發展至此必定受到了形形色色的經驗與影響力的牽引，因此不妨把這個練習當作在回憶個人歷程的「精采畫面」。用好玩的心情、敞開心胸去思考，試著別以評斷的心態去看待「應該」挑選哪些內容，這個練習沒有標準答案、無關對錯，所以想得到的任何事都可以納入。

關鍵提問

閉上眼睛讓心靈自由想個一、兩分鐘，腦海裡浮現出你人生到目前為止最顯眼的東西是什麼？

把心靈想像成一隻在空中飛來飛去，但一直在尋找某個表面當新落點的蒼蠅。你的心靈總是「降落」在哪些記憶上呢？

這些記憶有可能是重大場景，例如小時候不得不轉學、上大學、得獎、結婚、轉換職涯跑道或見證兒女出生等。

又或者心靈會降落在完全不同的亮點上，例如首次公開演講、對工作或人生有一番新的體悟、跟朋友有一段珍貴的談話或一趟歡笑不斷的旅行。設法腦力激盪至少十個讓你印象最深刻的「亮點」。

現在，花幾分鐘時間具體想一想下列問題：

是否有特定某一刻，亦或是某些特殊的對話、挑戰、期望、失望或巨大勝利讓你終身難忘？

例如說高中或大學時在某個重大比賽中獲勝（或落敗）；教練或精神導師給你正面或負面回饋；你遭到開除或升遷；或甚至是人生第一次戀愛和失戀。

請徹底探索，設法找出至少五個「明確情境」。特別針對寫下的前十項亮點，再想得更仔細深入一點，說不定你會因此記起更具體的談話內容。

接下來認真思考這個問題：

你最重大的目標有哪些？不管是已經達成或超越的目標，或是仍在腦海裡盤旋、尚無法實現的目標都可以。

例如你想跑馬拉松（或者你已經做到），或想過要擔任董事、競選職務、回去求學或教書等。

思考這個問題之後，設法列出最重大的五個「目標」，無論這些目標實現與否。

目標一：＿＿＿＿＿＿＿＿

目標二：＿＿＿＿＿＿＿＿

目標三：＿＿＿＿＿＿＿＿

目標四：＿＿＿＿＿＿＿＿

目標五：＿＿＿＿＿＿＿＿

現在，再想想這些問題：

私生活當中有哪些改變或事件對你的領導旅程有所影響，反之亦然？是否曾有很大的異動而必須搬到新的地方？是否曾為了某位家人而必須做出犧牲？是否有什麼危機或促使人生驟變的事件在某個時間點把你擊垮，但你重新振作起來，並且變得更有韌性？

請把記憶所及這些影響人生的重大「改變」都寫下來，就算跟之前寫過的內容有部分重疊也沒關係。

改變一：

改變二：

改變三：

目前為止

哪一部分的故事你覺得最有成就感，或意外揭露了你的品格或信念體系？你是否做過什麼自私或很有勇氣的事情，出乎自己意料之外？反過來看，你是否想得到有哪個情況你希望自己可以更勇敢採取行動，卻沒有這麼做？這些經驗顯示你是什麼樣的人、有什麼樣的信念？

把腦海中的想法都寫下來。

如果在做這個練習的時候，讓你有自我放縱或很彆扭的感覺，這是好事，請積極面對。別忘了，你的故事既特別又獨一無二，它造就了你這個人。這個把你捏塑成形的故事始陪伴著你，也會對你在這個世上的生活與領導方式有深刻的影響。

現在，設法把想到的內容總結出幾個關鍵重點，抓出五至七件你覺得特別有感的事情，可以當作你特別的領導故事，跟那些與你素昧平生、完全不瞭解你人生的人分享。

請利用以下編號提供的空白處，用一、兩句話寫下每一個「亮點」。

亮點一：

亮點二：

亮點三：＿＿＿＿＿＿

亮點四：＿＿＿＿＿＿

亮點五：＿＿＿＿＿＿

亮點六：＿＿＿＿＿＿

亮點七：＿＿＿＿＿＿

練習完成

太好了，你已經做完《領導力藍圖》的第一個練習，接下來六步驟要做的練習大致就是這個模式。

這種反覆思考的省察不見得輕鬆，剛開始你會覺得混沌不明，看似沒有得到任何具體結果，而且也會令人心生納悶。大部分的人都習慣執行某個動作之後，便能得到一些具體的反應。舉些例子來說，我們做了工作，就會拿到薪水；寫了電子郵件，就會等對方回覆。因此，這種練習彷彿就像未知的場域，輸入了一些東西進去也未必有具體的結果輸出。雖然在這個階段還沒有得到豐富的洞見，不過這是很正常的，敬請期待。

你已經站在正確的位置上，流程的運作便是由此開始。你處理的並不是用清楚明確的公式就可以算出來的數學問題。如何在錯綜複雜的世界讓你的領導更有效、更真誠，這種龐大的課題才是你現在要奮戰的東西。這種事並沒有標準「答案」可言（即便有，恐怕也會一直改變）。你努力追求一條向前邁進的路徑，設法尋求指引或一張地圖，這張地圖會帶著你找到展望的人生。我的路徑是從寫自己的故事跟尼爾分享開始，現在你也開始繪製自己的路徑了——一條想必充滿曲折與變化的路徑。

既然各位已經踏出重要的第一步，奠定了啟動藍圖旅程的根基，那麼下一章就要幫助你展望你想要創造的人生。接下來你要做的就是省察自己的價值觀，回答有關領導的首要三大問題及勾勒領導使命的初稿。

第三章

Chapter three

第一步驟「展望」——意圖與使命的力量

「光有努力和勇氣，卻無使命與方向，也是枉然。」

—美國第三十五任總統約翰．甘迺迪（John F. Kennedy）

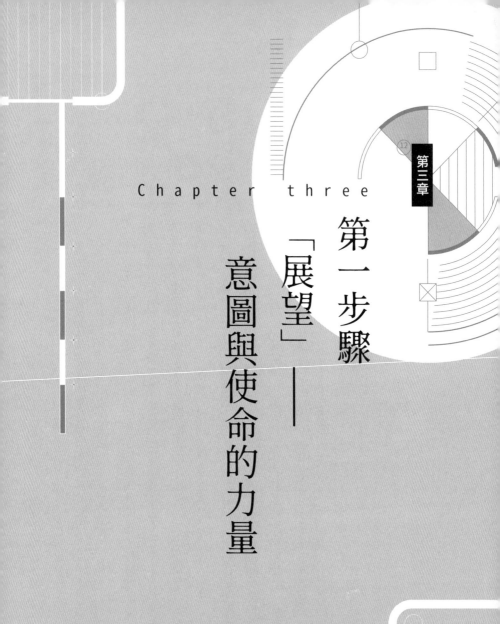

藍圖流程

將領導力提升至新高度的六步驟

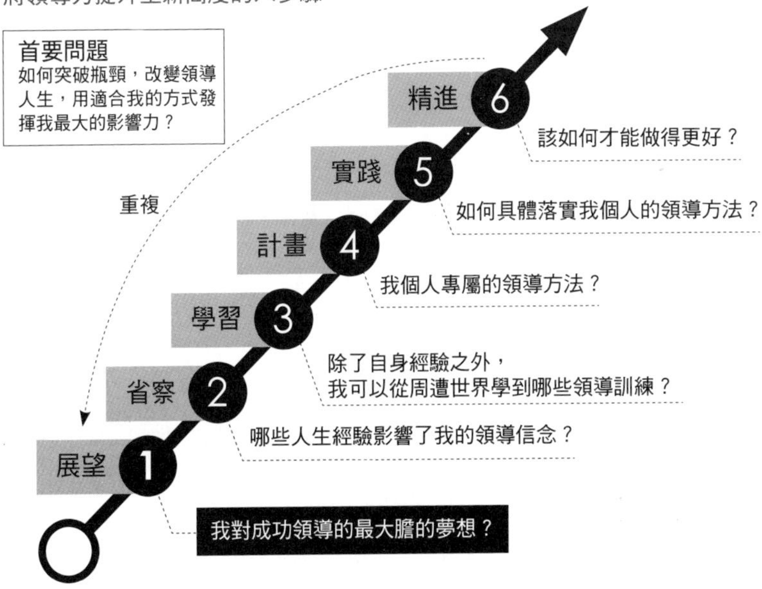
首要問題
如何突破瓶頸，改變領導人生，用適合我的方式發揮我最大的影響力？
精進 6
該如何才能做得更好？
實踐 5
如何具體落實我個人的領導方法？
計畫 4
我個人專屬的領導方法？
學習 3
除了自身經驗之外，我可以從周遭世界學到哪些領導訓練？
省察 2
哪些人生經驗影響了我的領導信念？
展望 1
我對成功領導的最大膽的夢想？
重複

藍圖的第一步驟是展望未來的領導格局，達到更高境界，並且為領導之旅設下穩固的意圖。先行瞭解意圖的重要性，有助於你為這個步驟要完成的練習做好準備。

ConantLeadership 新訓營是一個私人領導訓練課程，我利用此課程為來自各種領域的高潛力主管授課，引導學員認識扼要版的《領導力藍圖》。學員在為期兩天的課程裡會做大量的省察練習（其中有很多跟各位隨著本書所做的練習一模一樣），找出自己的領導使命，鑽探自身的價值觀與信念，然後設計初步的個人領導模型。接著他們會制訂「重新出發」策略，把自己的地基應用在組織當中。

我向這些主管傳授的第一堂課是區分刻

意領導和隨意領導——我也稱之為「憑感覺領導」——有何重大差別。

請務必瞭解這兩種領導思維，才能在這趟旅程中嚐到成功的滋味。大部分的領導者兩種思維兼具；一般來講，行事上本該同時以**刻意**和**隨意**的心態雙管齊下。不過，若是想做到有效領導，那麼平常就必須多花一點心思刻意去做。最出色的領導者對刻意思維的重視往往比憑感覺做法來得多。

思維一：隨意領導（憑感覺）

隨意領導是多數領導者的風格，這種思維比較隨性，主要是憑感覺來**反應**。有時候這種領導思維還算堪用，但仍顯不足。領導者的行動取決於他們遇到狀況時所給予的反應，而不是反過來以先見之明去追求最重要的東西，所以久而久之，這種隨意的領導作風能實現的成效很有限。

思維二：刻意領導

此思維具有前瞻性，以領導者的信念和使命作為後盾，態度**積極**，是一種肯負責任、自律、反應敏捷且持續進步的風格。基本上這種思維會把焦點放在最重要的事情上。具有刻意領導思維的人，不會坐等事情發生在自己身上，他們會預先考慮到需要準備什麼，並鞭策自己採取行動，以氣魄和熱忱來服務企業。想要在極其複雜的二十一世紀商業界成長茁壯，正是需要這種思維。

我碰到的領導者大多都是隨意型思維，原因我也很清楚。工作認真又善良的人，多半會升遷到領導職位，他們希望把工作做好，但不會多想所謂把工作做好的含意。在沒有作戰計畫的情況下，又碰上大大小小的事項和壓力擠在一起，導致他們遍體鱗傷。我職涯的前四分之一大概就是這麼過的，更何況當時跟現在相比是小巫見大巫；以前沒有那麼苛求，資訊也不如現在發達，更不像當今商業界步調如此飛快。

這些憑感覺來領導的人倒不是工作做得「不好」，也絕非故意逃避自己一身的潛能，原因說穿了很簡單，那就是他們的領導缺乏「意圖」。換句話說，他們沒有方向又過於隨性，這個挑戰應付完就處理另一個，盡最大的努力度過這一天，指望著別搞砸任何事。聽起來是不是很熟悉？要怪罪他們用這種方式面對如此複雜、讓他們既焦慮又壓力沉重的世界，實在是不忍心，但領導者其實可以——也必須——做得更好。

部屬指望領導者率領他們穿越種種衝突與狀況，他們理應得到一位能勝任此任務的領導者。包括領導者及其部屬在內的每一個人，都察覺到自己迫切需要更好的方法。「憑感覺」型的領導者總是忍不住懷疑，是不是可以把事情做得更好或有不同做法，但似乎苦尋不著突破的辦法而陷在瓶頸之中。這時如果他們一個不注意，就有可能落入無限輪迴，漫無目的地在不確定的五里霧中遊蕩，不會有機會激發組織做出重大改變、實現自己的夢想或贏得利害關係者的信任。

然而，你不必落入這般田地，也不該如此。「想要」做到刻意領導，第一步就是先「找到」穩固的意圖。接下來我要闡述一下使命的重要性，幫助各位著手找出自己的意圖。

展望：使命的重要性

「人生的意義在於找到自己的天分，而人生的使命就是把它貢獻出去。」

—西班牙藝術家畢卡索（Picasso）

我時常回味《紐約時報》（*New York Times*）文化評論作家大衛．布魯克斯（David

Brooks）在TED的演講。那場演講的題目是很聳動的提問：「你應該為哪一個奮鬥，履歷表還是追悼詞？」這真是值得省思的大哉問。在這一場簡短的演講裡，布魯克斯摘述了猶太哲學家暨律法教師約瑟夫．斯洛維奇克（Joseph B. Soloveitchik）的思想，向觀眾解釋放在履歷表上的耀眼成就（resume virtues）是外在的，這些是你帶到商業界的技巧，彰顯你實現和獲取成功、地位或讚美的能力。

追悼詞中提到的德行（eulogy virtues）則相反，那是屬於內心既獨特又深層的特性。這些德行包括你這個人的本質、人際關係的好壞、品格深度，諸如你是否有愛心、仁慈、持之以恆或忠誠等。他指出成就與德行是兩個不同面向的自我，這種說法或許過於簡化，但對於接下來要做的練習活動卻是很有用的框架，同時也可以從這裡開始打造你的領導地基。

大部分的人都會認同，從宏觀一點的角度來看，悼詞德行一定比履歷成就重要得多。我們不只想「做」好事，也想「做」好人。然而，人類如今生活在一個過於淺薄或功利的世界，所以很快便明白，社會其實更重視外在世俗的特質，以致於忽略了內在的品德。於是，我們往往把精力投入到能立即實現滿足感的外在事物，很少花心思在內在特質上，因為這種東西得不到多少立即又具體的獎勵（尤其是當我們「憑感覺」

的思維來行事的時候）。

布魯克斯表示，很多人都會掉進陷阱裡，去追逐絢爛的功成名就，用這種價值增強履歷，而忽略了應該去追求那些當我們離開人世之後會流傳後世的東西。

人性的兩面相互衝突

布魯克斯又繼續提到人的兩種特性——即外在和內在那一面——相互對峙。這不是好事；他警告說，這兩種特性之間的永久衝突會把我們變成冷漠、會算計的生物，追逐成就更甚於事實，追逐獎勵更甚於正當性，追逐耀眼更甚於得體，我們會因此而變得平庸。原因何在？因為我們一直在追逐短期的成就與報酬，而忽略了長遠的影響力。

之所以跟各位分享這些，是因為我雖然聽了布魯克斯的警告，但在此同時，我也認為掌握人有兩種特性之後，就表示我們有絕佳的機會可以改善自己。也就是說，如果瞭解這兩種看似敵對的特性如何交互作用，便能著手解開人的無限潛能。

這場 TED 演講有一個很重要的提點，那就是如果不小心一點的話，我們很容易困在現實中的自我與想成為的那個人之間，不知所措。若不肯停下來好好省察，並改變自己的作為，那麼介於理想自我與真實自我的這條鴻溝便會擴大到超乎我們的想像。不過，這種情況是可以避免的。

未來之路

我們還是有機會扳回一城。就像我當時在尼爾的幫助下，揭露了自己內在那位真實又果斷的鬥士之後，必須學著把這位鬥士跟原本那張用來面對周遭世界、總是有所保留又低調的面孔融合在一起，而諸位領導者也同樣得把自己性格當中的兩個面向合而為一。

布魯克斯在演講時提到，若要培養更深刻的品格，關鍵就在於反省自己的人生，回歸到我們對自己感到失望、沒有採取應有作為的那些情況。（布魯克斯把這些情況稱為「罪惡」，不過這種講法有點過於極端。我個人會說那是一種啟發，指出了人需要改進的面向。）他恰如其分點出了特別去關注過去讓我們覺得羞愧或失望的時刻，有助於我們找出可以從中培養更大長處與健全品格的方向。布魯克斯說得對極了，不過我認為進一步練習會更有幫助。

無論是品德高尚、配得上光芒萬丈追悼詞的個人，或是受到外在獎賞驅策、有絕對自信的主管，其實我們未必非得在這兩者之間做抉擇。人生走到現在，我發現自己並不常用到「二選一」的思考模式，因為這種思維過於侷限。事實上我也見識過，只要探究和省察自己的人生——但不僅僅只看布魯克斯所說的感到「羞愧或罪惡」的情況，而是整個人生的經驗集錦，其中也包括了美妙與非凡的片刻在內——就能找到辦法將看似對峙的兩個自我面向合而為一。

沒錯，履歷表和追悼詞是可以和諧共存，也理當如此。那麼該如何打造串連兩者的橋梁呢？**我們需要「原因」，一個能夠融合兩者的使命。**一旦跟驅策我們的崇高「原因」建立連結之後，就可以找到「方法」，巧妙地把外在和內在的自我相互結合。真令人興奮，因為把自我的兩個面向合而為一之後，你就能兼顧履歷和悼詞，更快樂地為它們奮鬥，如此一來，你對未來的展望也會逐漸變得更完整。

挖掘領導使命

你會在接下來的練習活動裡，做一些必要的省察找出初步的使命。第一次嘗試的結果若是讓你覺得不滿意，請別擔心，你會發現隨著自己邊學邊成長，這個初版使命也會漸漸跟著改良進化。我也是花了一番時間才挖掘到驅策我走在領導之路上的使命，然後又隨著我一步步成長發展，使命也持續跟著個人進步而成形。

以下是我的領導使命：

我想協助建立最值得信任的高績效團隊，這個團隊待人尊重，有能力抵抗批評，面對困境時依然能夠成長茁壯。

這番使命宣言賦予我力量和清晰的目光。我的使命是不可撼動的橋梁，串連著我天性的「兩個面向」。大致上來講，這個使命把我私人和職場領域最重視的一切都囊括進去，其中有我放在履歷上的特點（也就是讓我在商業界獨樹一格的特殊技能）——我是績效導向型領導者，面對困境時不輕言放棄，也不畏懼批評。除此之外，也包含了我希望在自己的追悼詞裡提及的一部分品格——我尤其想協助別人（「協助」二字出現在使命宣言的第三、第四個字，可見其不可或缺的重要性，是我十分刻意強調且精挑細選的字眼），及我對信任與誠信的重視。

我的使命雖然簡短，但進一步拆解，其中還包含一個**承諾**——也就是你可以對我有什麼期望及它所秉持的一套信念。這套信念指出了世事運作的道理和我的**價值觀**：我認為最重要的事情及我選擇如何處世。

當我看著自己的使命宣言，並不會覺得布魯克斯演講裡提到的那兩個面向有不一致的地方。我的兩個面向自我合而為一、和諧共存，標示了我對人生與領導所付出的種種努力。

我已經做了必要的審慎思考與探究，以此發想使命並加以優化，並且隨著我的改變與成長保持使命的與時俱進。現在，輪到各位上場了。接下來你要準備解決三個問題，這三個問題是關於領導的首要三大課題，可以幫助你著手找出擲地有聲的使命宣言。你也趁此機會，展望你最大膽的成功之夢與成就感。

領導的首要三大問題

本書有很多練習活動會要求你動動腦，思考世事運作的方式，不過打造地基的時候，卻需要你雙管齊下，既要用腦也要用心。以下一連串練習請你仔細思考一些問題，我們稱之為「真心話老實說」。聽起來好像很感性，其實不然。這種講法只是要表達這些問題比較私人又具有試探性，所以對那些擅長用頭腦分析的領導者來說格外有挑戰性，因為這些問題需要用「心」去思考，而不是靠理智（這個概念違背了一般的直覺）。最優秀的領導者會學著把心、腦和雙手相互配合，達到有效領導，而以下練習就能幫助你確實做到這一點。

這些問題固然並不容易回答，卻是設定個人使命、鍛鍊刻意領導思維及展望未來路徑不可或缺的工具。頂尖的領導者普遍都很清楚的「這一切跟個人無關，純粹在商言商」想法其實並不正確。實際上，要再次強調的是，這些頂尖領導者往往將自己的工作當成很私人的事情，憑藉的正是人生故事就是領導故事這番道理。

以人為本

當你面對這些問題時，若是心生抗拒或覺得彆扭，請記住領導關乎的是「人」，因此如果用就事論事的方法對待別人，就達不到激發、鼓舞、培養和影響別人的目的，也難以成為別人的助力。換句話說，假如我們看起來冷酷、會算計或甚至反應很機械化，自然沒辦法長久激勵他人。

由此可見，唯有改變方法，才能提升成效；我們必須想得更周全。這意味著我們應當更深入去鑽探自己的個人歷程、過往、恐懼與希望。但這樣做並不表示不該用頭腦。我們當然應該好好動動腦，不管是邏輯、聰明才智還是專業知識，都是領導者在決策過程中必須善用的重要工具，只是光靠這些東西是不夠的。就好比你應該把履歷成就和悼詞德行合而為一，領導者在工作上「也」必須心腦合一，才能事半功倍。

這就是我打造了下列三個問題的原因，為的就是幫助各位塑造一個有整合力的地基，心腦「並用」，著手將你性格的內在與外在兩個部分相互融合。

問題一：我為什麼要選擇領導？

史蒂芬·柯維有一句名言，他說若想達成目標就必須「以終為始」，這個道理更是適合應用在領導上。倘若我們不明白自己一開始為什麼要領導，那又該如何去展望我們理想中的領導之路呢？由此可知，這是你在領導旅程中需要想清楚的最關鍵問題之一。

事實上，你可以「不必」領導，也就是說這是可以選擇的。你領導別人的這個事實是刻意的，而非偶然發生。那麼你為什麼要選擇帶人呢？在這個選擇的背後是否存在著更重大的意義，促使你在整個人生歷程中繼續選擇熱忱的領導？

即使領導不是你目前職業生涯的重點，但這個問題依然適用。說不定你是社區領袖、老師、家長、精神導師，所以你還是有責任影響別人，把他們導往某個方向。你為什麼決定要領導，又如何才能深入瞭解這個選擇，幫助自己每天都能全力以赴？

要徹底思考這個問題，不妨先想想很多人都會意識到自己希望從領導「得到」什麼（例如新挑戰、更備受關注的任務、更優渥的薪水，還有更顯赫的名聲、權勢或地位），卻往往沒意識到自己想「給予」什麼。想留下什麼傳世的成就？有何獨特貢獻？

當然，這些人有物質上的領導「理由」，但一如我們先前討論過的，他們多半沒有領導使命。

當你真正想清楚驅策自己的是什麼，就會發現自己有儲備的能量與動力可以一直取用。也就是說，掌握到領導的「原因」之後，你就能與工作崗位上的每日「職責」有更深的連結。這樣一來，你就有能力更清晰地展望你最大膽的成功領導之夢。

仔細思考以下提問：

你的領導人生想怎麼過？
你覺得內心在召喚你做什麼工作？
你的夢想是什麼？
你打算如何善用自己的特殊天分和興趣把世界變得更美好？
你覺得「改善世界」是什麼模樣？
你追尋什麼？
什麼啟發了你？

你為了什麼而努力？

你希望自己死後別人會在追悼詞裡提到你哪些事？請試著舉出二至五件事。

你想留下什麼傑出貢獻？

把腦海中的想法都寫下來。

現在，請利用接下來的提問，試著將這次練習所得到的成果總結成一至二個句子。句子不必精雕細琢，隨時都可以回過頭來修改，做總結純粹是要讓你的領導使命開始成形。

我選擇領導的原因是：

接下來請思考下一個問題，更深入去展望。

問題二：我有何承諾？

各位別忘了，我個人的使命當中還包含承諾（你可以對我有什麼期望）與價值觀。

第二個問題促使你跟自己的承諾——也就是你可以實現的東西連結，為領導的理由補充實質結構。回答這個問題之前，先仔細想一想你對自己哪個部分感到自豪。這也有助於你瞭解自己的標準，即你對他人有何期望，而他人又能對你有什麼期望。

思考以下提問：

我有哪些與眾不同的地方？

我有別於同儕與同僚的地方？

哪些特質我不願意妥協？

在領導他人時最常運用自己哪一部分的性格？

請自由發想，例如你可以提到自己積極進取、有韌性、公平公正、有見地、堅忍不拔、充滿雄心壯志等，任何可以正面彰顯你努力成果的特質都可以寫下來。以我本身為例，我的使命宣言強調了一件事，那就是我面對困境時依然能夠成長茁壯。這項能力所涉及的性格面向為「堅毅」與「抗壓性」，我正是靠這兩種特質成為比賽型網球選手。這段文字讓我特別有感觸又深有共鳴，因為我是從自己十分崇拜的英雄之一老羅斯福總統的名言得到靈感而想到的。你著重的特質也許跟我完全不同。舉例來說，你十分擅長傾聽別人說話，所以你覺得自己是一個善於自我管理的人？或你的思維充滿彈性，造就出你具備視狀況解決問題的能力？

不管想到什麼，都可以寫下來。這不是在吹牛自誇，而是不帶批判、正向地做自我評估。

把腦海中的想法都寫下來。

問題三：我的價值觀為何？

我的使命由**承諾**和**價值觀**（我認為領導者該如何處世的標準）組成。因此，你應該先找出自己的價值觀，才能更清楚掌握你的使命，並開始以誠信努力實現使命。

瞭解自己的價值觀

你的價值觀跟你最重視的原則息息相關，這些是你期望在他人身上看到的特質、觀念或準則，也是你努力用自身行為去體現的東西。簡單來講，價值觀就是你的標準，你在前一章寫下的個人故事有助於你明確界定自己的價值觀。

舉例來說，如果人生故事的某個篇章描述你因為缺乏足夠資訊，而無法為某個特定角色奠定成功的基礎，或許你會推論「透明度」是自己最重視的其中一個價值觀。又例如，你有一位精神導師，他總是直言不諱，對你實話實說，而這一點對你的成長發展特別有幫助，那麼你也許會想，「誠實」就是你的根本價值觀之一。

價值觀也可以是你一心嚮往的理想，例如你想培養的特質就算價值觀，這些特質你想在別人身上看到，或希望自己在這些特質上更加鮮明。舉例來說，假設你從一些後悔莫及的狀況中領悟到，自己的「罪過」就是沒能挺身而出支持部屬，那麼你就可以把「力挺別人」納入價值觀。

再舉一例；你發現自己過去太固執己見或跳脫不了原有的框框，而且覺得因此發展受阻，也許你就會把「擁抱改變」當作價值觀。這些價值觀就像一個個的積木，對接下來的步驟大有用處。

在藍圖流程中，務必盡早找出你的價值觀並以之為本，因為價值觀會反映在整個地基的其他所有組件上。接下來在每一個藍圖步驟所做的省察，都會讓你對這些價值觀有更清晰的認知。價值觀本身固然不是地基的組件，卻是幫助你更瞭解自己是誰、選擇如何處世的關鍵。換句話說，價值觀就是你的基準線。

明確界定價值觀

倘若沒有認真省察過，恐怕會有很多領導者理所當然以為很瞭解自己的價值觀，覺得自己的價值觀體系顯而易見，通常也很正面。例如假設現在有人問起你的價值觀，你大概會不假思索，回答推己及人或愛鄰舍如同愛自己之類的話。但有多少人會真正花時間好好思考，想出自己的價值觀清單呢？在我引導之下做練習的領導者都十分驚訝，按部就班去思考價值觀竟然可以覓得靈感。說不定你也會大吃一驚。

若要抓出自己的價值觀，就必須回頭想一想你到目前為止的人生與職業生涯。請認真思考以下幾個問題。

你是否曾經碰過即便風險很高、對職涯可能不利或有害，但你依然堅守原則的情況？

你是否曾有過這種情況：你很確定自己做出了誠信作為，即使真的不容易做到，例如獨排眾議、跟別人有一場直率到尷尬的談話，或捍衛某個不得人心的決定？這些情況藏有找出價值觀的鑰匙，能清楚勾勒出你選擇用什麼方式來處世，因為你正是在這些情況中勇敢表達了你最重視的東西，雖然當時你並未意識到。所以請好好下一番功夫、費些精神心思來省察這些情況，對你一定大有裨益。

仔細思考：

在這些情況當中發揮作用的原則是什麼？雖然你明知道會不愉快，但還是深深覺得一定要捍衛的東西是什麼？

接下來，請想一想是否曾碰過你覺得自己本來可以表達立場，但最後並沒有行動的情況？沒有表達立場的原因是什麼？又產生了什麼後果？

隨著仔細檢驗自己對這些情況所抱持的觀點，你會發現價值觀的輪廓已經呼之欲出。待徹底探索過後，試著為你的想法做總結，盡可能把想到的價值觀都寫下來。

請至少發想五至七個最重要的價值觀。這些價值觀不一定要跟工作直接相關，純粹用來精準抓出你對別人和自己有什麼期望。

請針對每一個價值觀試著簡短說明它對你意義何在。例如你可以寫：「『貫徹始終』是我的價值觀之一，每當我記住這一點時，總是能全力以赴。」或者這樣寫也可以：「我重視坦誠，過去我就是因為有所保留而疏遠了同儕。」

假如不喜歡這種形式，用條列式、句子連寫或一小段描述來說明價值觀也可以。一如本書裡面所有的練習活動和提問那樣，你不必追求完美。各位不妨利用「我的價值觀是」這句話作為開頭，引導自己去思考。

我的價值觀是

1.
2.
3.
4.
5.
6.
7.

接下來有趣（但也最難）的部分來了。

請思考以下問題：

你為什麼要選擇領導？

你有何承諾？

你的價值觀？

試著草擬一個多多少少符合這三大基石的使命宣言。第一次嘗試就寫到位應該不大可能，但只要先寫出來就有機會琢磨得更理想。用「我的使命是」做開頭，引導自己去思考。

我的使命是

感覺如何？現在應該至少比之前更清晰了吧！即使初步的使命宣言看起來還很飄渺或結構鬆散，但想必你已經對如何貢獻世界、為什麼要選擇領導及自身的價值觀為何有更清楚的認知。現在的你，已經準備好「展望」最大膽的成功夢想了。

展望

有鑑於你獨一無二的使命與動力，你希望自己的未來是什麼模樣？如果沒有任何的條件限制，你想做什麼？有哪些可能性？

試著用你的心靈之眼去看，「真正」去想像。說不定會看到自己成為某大組織的執行長或擔任非營利組織董事這種十分具體的畫面。不過也有可能是同等或更有意義，但比較抽象的事情，例如幫助弱勢或環遊世界。

又或者你看到某種跟自己現在所做的事大不相同的工作性質，例如用神奇發明、插畫塗鴉、寫作或健身知識闖出一番新天地。無論你看到什麼樣的未來，繼續憧憬，專心去想。現在你已經站上獨有的絕佳位置，準備實現這個夢想了。

第四章

Chapter four

第二步驟「省察」──深度挖掘

「一個有道德的人能反省自己過去的作為與動機。」

—英國科學家查爾斯·達爾文（Charles Darwin）

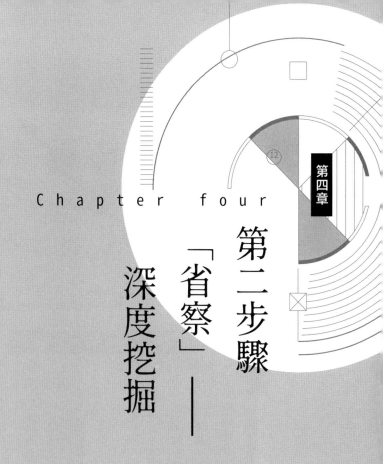

藍圖流程

將領導力提升至新高度的六步驟

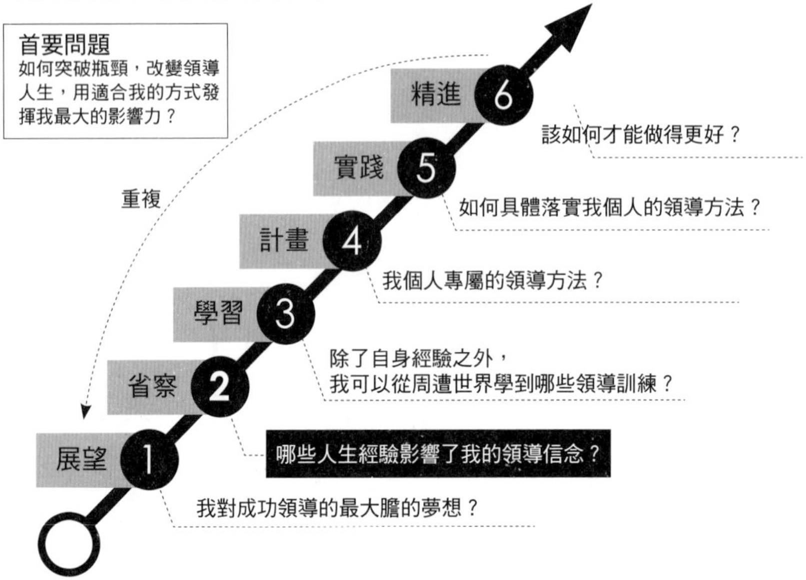
首要問題
如何突破瓶頸，改變領導人生，用適合我的方式發揮我最大的影響力？
重複
精進 6
該如何才能做得更好？
實踐 5
如何具體落實我個人的領導方法？
計畫 4
我個人專屬的領導方法？
學習 3
除了自身經驗之外，我可以從周遭世界學到哪些領導訓練？
省察 2
哪些人生經驗影響了我的領導信念？
展望 1
我對成功領導的最大膽的夢想？

理查・卡瓦納（Richard Cavanagh）是個令人佩服的人，朋友都叫他「迪克」（Dick），我有幸在職場上與他結識多年。迪克曾任職於白宮高層，做過麥肯錫公司（McKinsey）顧問、哈佛大學甘迺迪政府學院（Kennedy School of Government）院長，並且擔任經濟諮商理事會（The Conference Board）執行長十二年之久。

他領導了十多年的經濟諮商理事會是全球型獨立商業會員暨研究協會，以公共利益為耕耘重點。該理事會針對全球趨勢、經濟、領導、地緣政治及其他領域提供深入見解，旨在協助領導者做出有見地的決策，讓世界變得更美好。為了持續贏得領導者與大小組織的信任，經濟諮商理事會必須提供最有用的資訊，即經過徹底研究，既一目了然又無可非議的可用資訊。換句話說，理事會提供的洞見值得大家信賴是至關重要的事情。因此，為了達到這個期望，他們從諸多領域延攬了一些頂尖思想家，其中不乏世界級經濟學者。

迪克在出任經濟諮商理事會執行長之前，並未領導過這種規模的組織，而且跟之前擔任甘迺迪學院院長和麥肯錫顧問的性質比起來，理事會執行長的職權可以說十分新鮮又截然不同。但不管是在教育界或顧問界，迪克的主要目標始終都是幫助別人做得更好。由此可見，他的領導一開始就有很好的出發點。他用這種「協助者」的定位接掌理事會執行長的職務，心裡很清楚自己必須找出能激發大家好好表現、有所成長的動力。他知道他所率領的經濟學者團隊正是理事會能否給予一流商業洞見並預測全球趨勢的關鍵，因此他勢必得想一想該怎麼做才能領導他們拿出最好的表現。

他鑽探自己的人生經驗，發現他的背景出身可能會讓團隊望之生畏，畢竟哈佛大學、麥肯錫、白宮等，在經驗最豐富的內行人看來也是十分顯赫的歷程。不過，他也從中看到了自己該如何利用這一點解開他們的潛能。

這些經濟學者就跟很多聰明人一樣，也會因為自我懷疑與批判而劃地自限。他們往往只看負面，感慨自己怎樣才能做得更好、本來應該可以做得更好。換言之，他們責怪自己。（這種特質若是只有一點點會有助益，因為自我批判有時能驅策我們進步，不過變成哀怨自責，就無建設性可言。）迪克十分訝異，這些人真的很聰明又能幹，有成為世界頂尖人物的潛能！更何況他是一個能慧眼識英雄的人，畢竟他曾經在聲譽卓著的地方工作。於是，他充分利用這一點。

迪克巧妙地運用了自己的背景出身，他告訴團隊：「我在一間有全世界最棒的經濟學系之一的學院當過院長，在我看來，各位就跟那間學院的學者『一樣厲害』。事實上我還真不明白，各位怎麼可能贏不了《華爾街日報》（*The Wall Street Journal*）的來年經濟趨勢預測大賽。」他決心幫助團隊發揮潛力；他向大家保證，他們跟哈佛大學那些很會分析數據的經濟學者一樣強。總而言之，他告訴團隊，他們比自己想得還厲害。結果你知道嗎？他們接受了挑戰，在十年期間共贏了三次《華爾街日報》舉辦的預測比賽。能兩度贏得此殊榮的單一團隊都已經前所未見，更何況贏了三次，這真的是非常難得的成就。

替別人灌輸信心已然成為迪克的基本領導方法。他領悟到，只要比他們自己更相信他們，只要說他們比自己想像得還要厲害，就能激發他們使出渾身解數。當然，這種方式要奏效，這些人得真的很出色才行。也就是說，他所鼓舞的人必須「真的」能力很強，確實有令人大開眼界的本領。（迪克不會給別人浮誇的恭維。）只要條件符合，這種鼓勵方式多半無往不利。就他的領導方法來講，告訴別人他們比自己想像得更有本事是十分關鍵的做法，又能收到奇效。我擔任經濟諮詢理事會主席時，就親眼見識到迪克在提升表現方面成效卓著。不過，他要發揮這種領導作風，就必須先鑽研該從何處切入才能激勵別人。有了目標之後，他必須先省察問題，才能想出解決之道。

在省察這個步驟所提出的兩個問題和連帶練習當中，各位也要像迪克這樣做。以你在第一步驟所做的思考練習當作出發點，第二步驟會進一步刺激你深入探索內在，找出影響你領導信念的人生經驗，例如你剛出社會頭幾個工作的點點滴滴、跟家人朋友的互動、童年時期學到的教訓及長大成人後犯的錯和達到的成就。

思考一連串提問之後，就會漸漸瞭解該怎麼做才能啟發和激勵別人做得更好。你想出來的做法會有你個人的特色，很有可能跟迪克所採用的做法相去甚遠，這也是意料中的事，畢竟你打造的是自己的地基，而非迪克的地基。不過你應該會很驚訝，竟然可以找到這麼多洞見成為你領導方法不可或缺的元素。

問題一：是什麼驅策人們全力以赴？

往內在探索

若想掌握如何激勵他人，首先要思考你自己在領導過程中受到什麼激勵。省察自身的經驗，仔細想一想是什麼驅策著你前進，鼓舞你採取行動，你會更容易汲取出有利於你激勵他人的洞見。接下來就讓我舉幾個例子。

艾琳·張·布里特（Irene Chang Britt）是傑出的企業領導者，有轉型策略方面的長才。我在納貝斯克和金寶湯與都曾與她共事過，她十分優秀。艾琳渾身散發能量，總是積極推動工作，只要她設定了目標，我會提醒各位千萬別擋住她的路。這位領導者激勵他人把事情做好的能力，總是令我敬佩。

艾琳尚未踏入企業界，也就是遠在我認識她之前，曾開過一間小公司，而且還是個人類學家。這位總想著要突破自己的女士，決定去念MBA學位。這不是件容易的事，課程有一大半她都一知半解，遠遠超出了她的舒適圈。她一向能力過人，但MBA的第一學期她還是被當掉了。很多人勸她乾脆放棄，回家算了，可是她想先找人徵詢意見。

艾琳安排了一場會面，向她的會計學教授兼指導教授尋求忠告，她問教授：「我該怎麼辦？」很多像她教授那樣地位的人大概會說些別灰心、再試試看之類的陳腔濫調，為她加油打氣，給予正面鼓勵。但這位教授不來這一套；他不走陳腔濫調的路線，因為他懂艾琳，他知道如何解讀別人的心思。教授當下就針對艾琳提出忠告，他說：「那就回家吧，膽小鬼。」這句話聽起來十分挑釁，也令人意想不到。幾近奚落的話語有如當頭棒喝，卻像魔法那般有效。

跟教授談過後，艾琳抱著復仇之心回來，加把勁衝刺學業，最終以優秀學生的身分畢業。後來她回去找那位教授，問這位至今跟她仍是好友的教授說：「你怎麼知道那樣說會有用？」畢竟教授當時講的話似乎很容易產生反效果。教授看著她說道：「因為我瞭解你的性格，知道你是戰士，而且我直覺知道如果順著你，你大概會退縮或崩潰，但如果打你一拳，你一定會打回來，果真如此！」教授用了恰到好處的方法給她建議，她才能聽進去，並採取有建設性的行動。這一點她永誌難忘。

艾琳在領導生涯中一直把這個教訓銘記在心。當她激勵別人時，總是會特別去留意對方是否跟她一樣有戰士氣質。她知道對有些人來說，必要時給他們一點刺激會比尋常的支持安慰來得更有效果。不過並非每個人都適用這種方式。想要變成一個更出色的領導者，有時候就必須利用人生經驗中所學到的教訓，鍛鍊自己針對因人而異的需求來靈活調整做法的能力。

另外一個例子要提到公共服務夥伴組織（Partnership for Public Service, PPS），此非營利性組織的宗旨是替美國人民提升政府效能。該組織董事長兼執行長麥克斯・史提爾（Max Stier）擁有活躍的內在動力，總是努力搶先上級一步，預先考慮到需要完成的工作，對組織的需求主動積極，組織甚至尚未提出要求，他就已經先做出成績來。他獨樹一格，工作風格一向另類。

像麥克斯這一類的領導者，他們的動力跟別人有點不同。這類領導者會把心思放在如何驅策別人跟著組織的步調而走，對工作保持投入，而非著重於激勵他們全力發揮潛能。

麥克斯回想自己過往的經驗，記起剛踏入職場時他遇到一位特別突出的主管。當時二十三歲的麥克斯是某競選活動的工作人員，他用某種別出心裁的方法來組織活動，有別於一般競選宣傳的官方做法，而且效果卓著，但可惜無法以普通指標來衡量其成效。

不過麥克斯的老闆卻看出他跳脫窠臼的做法肯定大有可為，於是出面保護他，做他的後盾。他挺身而出，面對那些想強迫麥克斯照章行事的高層主管，而麥克斯最後也拿出十分亮眼的表現。

這次經驗麥克斯記憶最深的部分是，自己對那位力挺他的老闆十分忠心。因此，從麥克斯這段經歷可以得出一個重大教訓：如果你為部屬著想，部屬也會反過來替你著想、對你不離不棄。這個教訓麥克斯至今仍銘記在心，他的領導方式也彰顯了這一點。團隊裡面若是有一位能幹的部屬有創新之舉，做事方式與眾不同時，他會給這樣的人一些空間，放手讓他們去做，只要他們有責任感，能為成果負責，他很清楚力挺其實就是贏得他們的信任，鼓舞他們盡其所能拿出好表現的最有效做法。

在回答以下提問時，可參考上述例子，回想一下你在人生和職涯中是否碰過此類情況。透過省察、深挖，找出人生的教訓智慧，並以此助自己一臂之力，就像麥克斯、艾琳和迪克從自己的人生中吸取教訓，然後又應用在人生與領導旅程上一樣。

想一想並回答以下問題：

你的人生和（或）職涯當中什麼時候最有動力？是追求獎金分紅或加薪、還是得到精神導師或上司尊重，或面對十分複雜的問題但又必須加以解決的時候？

也或許你是在得到十分難得的讚美，或協助其他團隊成員達成或超越很困難的目標時最有動力。

把腦海中的想法寫下來。

你比較容易受到外在動機（例如獎勵或他人認可）還是內在滿足感（像是把工作做好或幫助他人）所激勵呢？

內在與外在動機無分好壞，這些問題旨在幫助你洞察是什麼動力驅策著你，不必去做評斷。請試著別太過於糾結在你「應該」如何，叨唸著自己「應該」要有更多內在動機才對，或反之亦然。這只是一個挖掘探索的過程，無須對挖鑿出來的東西評斷其價值高低。方向愈明確你的表現就愈好，還是原則寬鬆、放手讓你去做最能全力以赴？

把腦海中的想法都寫下來。

往外在探索

你會發現自己的動力來源未必跟別人的相同，因此現在請把省察的方向擴展到你周遭的人身上。藉由以下提問，仔細想一想你團隊或人生中其他人的動機。

是什麼動力驅策著你人生中最親近的人——朋友、家人和同事？

據你觀察，別人在什麼情況下愈挫愈勇或充滿超越期望的鬥志？

就你的領導經驗來講，什麼會引發別人強烈而正面的反應？你採取何種作為時會激發別人全力以赴？

你在省思這些問題時，會發現驅策著你和別人的動機有各式各樣，但請試著找出最重大的動機，並且把特別醒目的動機都列出來。另外也請留意，你在**第一步驟：展望**當中找出的價值觀與你現在探索的動機之間，會在什麼情況下、用什麼方式產生加乘效果。

從反面觀察

接下來要從反面來思考動機。請想想看，跟你一起工作的人在什麼情況下會抽離或對工作變得漫不經心。

是什麼原因讓他們反應消極？之所以有這種負面反應是因為壓力太大、害怕失敗還是工作的挑戰性不足？

把腦海中的想法都寫下來，好的、壞的、不堪的、有啟發性的、美妙的，統統都可以寫。

接下來，這些挖鑿出來的智慧會綜合成形，化為一個更有凝聚力的領導模型，不過現階段仍未定型，還有很大的可塑性。

根據你對這些問題的省思，總結出你認為別人受到驅策的背後動機。

就以你的回答及你到目前為止所有的經驗，假設現在要你指點另一位領導者如何去激勵別人盡全力發揮，你會告訴他最重要的五至七項建言是什麼？用你喜歡的方式把建言寫下來，例如你可以用短短幾個字把建言簡短條列出來（待人寬厚、隨時傾聽他人），或以比較豐富紮實的概要說明來闡述你的想法。記得把這些資訊留存，只要靈感一來就能隨時回過頭參考並補充內容。

問題二：如何在變化多端的環境下影響他人持續實現高績效？

這個問題不再探索表現背後的動機，而是要求你想一想有哪些成功的做法和戰術可以影響他人，鑽研更具體的層面並且深入重要細節。

吉姆・基爾茲（Jim Kilts）是我人生當中最具影響力的領導者之一。我在卡夫食品（Kraft）擔任策略總監及後來當上納貝斯克食品公司總經理時，都是在他手下工作。吉姆是個強悍又絕頂聰明的人，對別人也有很高的期望。只要是跟吉姆開會，我就知道自己一定得拿出雙倍心力來做準備，因為他一定會用一些挑釁又尖銳的問題來考我。即便答案他都了然於胸（很少有不知道的時候），還是會不停的鞭策和試探，強迫每一個人更靈活地思考。你可千萬別慌張，因為他一定會察覺。

雖然聽起來壓力很大（坦白說，確實有壓力），但每一次跟吉姆互動卻能產生一種實質效果，把我和其他人砥礪得更強大。面對當今這個既複雜又變化多端的世界，學習如何維持我們數一數二的地位是十分必要的。我們以吉姆為馬首是瞻，從不曾安逸於輕鬆簡單的答案，他也不容許大家自滿。

我從觀察吉姆的所作所為學到了一些不可能從別的地方學到的東西。他在提出見解、提升我的思維能力同時，又確保我依然是問題的負責人且有信心能想出解決之道。在吉姆手下做事，你得充分瞭解自己的業務，但也要很清楚，他打從心底希望你成功。這個心得我至今銘記在心。

另一位對我有深刻影響的領導者是納貝斯克執行長約翰．格林紐斯（John Greeniaus），他總是驅策我接觸舒適圈以外的事情。首先，他把我吸引到納貝斯克，擔任一個小部門經理。這個職位我做了一年，也十分上手。等我適應了這個工作，他又要我去納貝斯克集團最大子公司，即納貝斯克餅乾公司（Nabisco Biscuit Company）行銷部門擔任副總。我當初來納貝斯克是為了經理一職，如今要我去擔任行銷副總，看起來似乎走錯方向。但約翰對我充滿信心，他鞭策我說：「我認為你會做出一番新氣象。」正是因為約翰對我的期望如此之高，才讓我有了滿腔動力，達成並超越那些期望——這便是我的團隊做到的事情。

在行銷副總任內，我和團隊繳出了納貝斯克餅乾公司有史以來最佳的銷售量成績，同時也提升了獲利能力。然而，正當我在「這個」職位上如魚得水之際，約翰又打電話給我，要我去負責納貝斯克銷售暨整合物流（Nabisco Sales and Integrated Logistics）的業務。我心想：「怎麼會有人要我去領導銷售組織啊？」我個性內向，又不會打高爾夫球。「我有選擇嗎？」我問道，約翰說當然有，於是我便直接回絕了他的提議。

我本以為回絕就表示事情到此為止，但約翰不死心，隔天他的助理莉塔（Rita）又打電話告訴我：「約翰希望再跟你見面談銷售那個職位的事。」我問她：「莉塔，這次我有選擇嗎？」莉塔回說：「沒有，他昨天已經給你選擇，所以你今天沒得選了。」就這樣，我走馬上任領導納貝斯克的銷售部門，也做得有聲有色。約翰雖然知道我不願意，但是他並沒有因此死心，因為他相信我能勝任。也正是因為他清楚展現對我的信心，所以即使他說服我去做一個對我而言很陌生的工作，卻加倍激勵我努力不讓他失望。

上述兩個例子除了清楚點出想做得更好的動機十分重要之外，也可以從中看到兩種具體做法，其一為提出一針見血的問題來推動事務，其二為督促部屬嘗試新的職務。當你針對問題二省思以下提問時，除了從大方向找出經驗教訓，也請試著想一想類似這兩種具體做法的特定戰術。

思考以下提問：

你從職涯的輝煌成就或事蹟中學到什麼教訓呢？

哪種成就你能一再創造出來？哪些成就似乎出現一次就沒了？

你是否曾經在某個上下一心、生產力十足又總是能順理成章多次繳出好成績的團隊工作過？若是有過這種經驗，請問是什麼動力造就了這種美妙的氣氛呢？

想一想以上提問，然後找出你整個職涯當中有哪些做法和作為能實現預期效果和優異表現，請列舉四至六項，並在此作答。

作為1：

作為2：

作為3：

作為4：

作為5：

作為6：

現在，從這一節的中心問題來看，回想一下你在領導旅程中觀察到哪些老闆、導師、教練或同僚表現最出色，也就是明日之星和佼佼者那一類的人物。以我個人來講，我就會想到吉姆·基爾茲、約翰·格林紐斯或尼爾·麥肯納。

思考以下問題，然後把答案寫下來（並且在便利貼上註記關鍵字句）：

這些領導者對於問題解決、大型專案和崇高目標有何因應之道？

他們如何激發部屬的動力？

他們採取了哪些步驟，所以才能一再實現成效？

他們用了什麼做法，既可以把眼前的工作做好，又能為長遠績效創造有利條件？

請利用此處或任何其他工具做筆記；建議各位把思考的結果記錄下來。

從另一面觀察

接下來反轉視角，想一想你見過的前車之鑑。從「失敗經驗」中學到教訓的重要性，不亞於學習「成功經驗」。

你遇過最差勁的老闆是什麼樣子？

他們做了什麼打擊部屬士氣或看輕部屬的作為？

這種老闆對公司文化有何壞處——或更糟糕的情況，如何危害到原本運作順暢的文化，使之功能退化，變成運作不良、績效低落或辦公室政治力高漲的文化？

把想到的負面做法和行動列舉出來。（進行「學習」步驟時，會用這些資料來做延伸。）

負面作為

寫好之後，試著將以上省思所得到的心得萃取出一些方針。

假設現在有一位新進主管者向你徵詢建言，他想知道有何恰當的做法可以為長遠績效創造有利條件。你會怎麼向他們建議呢？請根據以上的省思結果用幾句話加以表述。你會推薦他們採用什麼具體做法（例如提出更好的問題、先聽完再開口、不隨便接受簡單輕鬆的解決方案、由衷感謝他人並經常表示感謝等）？

現在你已經透過省察個人經驗蒐集到愈來愈多的洞見與實務做法，接下來要做的就是重新回顧你的價值觀，鞏固領導信念。

你的價值觀廣義地勾勒出你個人在各個生活層面的標準，而領導信念則是由價值觀來彰顯，其存在目的是把你導往某個特定方向的領導作為，是領導這門技藝的獨有特色。

個人的領導關鍵詞

先思考自己的領導關鍵字詞，也就是你在傳達領導信念時會用到的字眼，將有助於你清楚表達自己的信念。

我在踏上這一段後來我稱之為藍圖的領導旅程之前，才剛剛被開除沒多久。如前文所述，當時我老闆在開口要我走人的尷尬中對我並不寬厚，那次互動簡短又沒人情味，讓我覺得好像被拋棄似的。

正因為我對這段粗糙的處理方式所造成的痛苦有刻骨銘心的經驗，所以我反過來省思在自己的人生當中該如何用更好方式處世待人。結果我體認到，我一定要用比自己當初被開除那天所受到的待遇更有尊嚴的方式，去對待別人。換句話說，我決心寬以待人並尊敬他人，即便在十分棘手的情況下都要做到。有了對寬厚這個價值觀的體會之後，**待人寬厚**這幾個字便在我的領導信念中成形。我雖然未必做到盡善盡美，但因為有了這個意圖作為指南，所以我在待人處世上多半能秉持這個信念。

待人寬厚只是我整個領導信念中的一塊拼圖。喜劇演員兼夜間脫口秀節目主持人康納·歐布萊恩（Conan O'Brien）說過一句深得我心的名言：「努力工作、待人寬厚，好事自然來。」這句話引起我的共鳴，因為它指出了為人處世軟硬兼施的道理，跟我所秉持的對標準實事求是及寬以待人的信念不謀而合。我在省察自己從個人經驗中所學到的其他教訓時，明白了一件事：我發現當我先實地仿效我敬仰之人的作為時，總會有好結果發生。在探索這一點的過程中，我又領悟出自己重視的另一個關鍵詞，那就是**努力工作**。我見識到只要自己愈努力工作，我的團隊就愈有紀律，而且更能夠盡力而為。

關於領導的關鍵字詞非常多，有包羅萬象的可能性，「待人寬厚」和「努力工作」只是其中兩個例子。我個人的領導關鍵字詞不計其數，而這些關鍵字詞也傳達了我的領導信念。

我的領導關鍵字詞十分龐大，因此我不打算在此全數列出，但可以跟各位分享一些我編修過的領導信念，這些信念都是從我個人的價值觀和關鍵字詞衍生出來。

我的部分領導信念

- 舊的領導典範做法不夠用。
- 領導是一門需要精通的技藝。
- 領導以人為本。
- 努力工作、待人寬厚，好事自然來。
- 我們一定可以做得更好。
- 領導者必須拿出具體行動去尊重個人的事務，如此才能啟發這個人尊重整個企業的事務。
- 支持**兼容**所產生的創造力，拒絕「二選一」暴力。
- 若想成功闖蕩商業界，就必須先在職場上獲勝。
- 若希望你的領導長期有效，除了必須以實事求是的態度看待績效標準，也要用寬厚之心待人。
- 領導者對自己的領導做法必須有強烈意圖和清楚的認知，這一點日益重要。
- 領導者的領導做法應該立基於「我可以幫什麼忙」的精神之上。

或許你會覺得你的領導信念——即你深受吸引、想用來定義領導方法的字詞——與我的截然不同。例如你往往因為太仁慈而容易招惹麻煩，因此你的信念之一或許就是堅定不移。又或者你看多了不誠實所造成的損害，於是你便發誓要忠於實話實說這個核心信念。

無論如何，重點在於務必彙整出自己的領導關鍵詞，才能順利從藍圖的省察步驟畢業，繼續向前推進。你根據步驟一所做的功課來探索自己的價值觀、信念和領導使命，到了這個階段則著手為這些你覺得意義重大的字詞賦予清晰的輪廓與架構。你的領導關鍵詞最終將有助於你向他人傳達你的憧憬，並且讓你得以用自己的領導模型來實現夢想。除此之外，這些關鍵詞也會幫助你清楚表達出其他領導者令你佩服的特質。

挑選領導關鍵詞

有時候完全靠自己摸索是非常消耗心神的事情，這時不妨利用範例來刺激思考。梅特．諾加（Mette Norgaard）是領導力方面的專家與老師，也是我的老友及長期合作夥伴，她羅列了一張十分好用的領導關鍵詞清單（下頁圖4.1）。

圖 4.1 領導關鍵詞

成就	效率	誠信	務實
當責	同理心	智力	進步
適應力	熱忱	強度	表揚
冒險精神	平等	親密	反省
機敏	卓越	正義	放鬆
野心	公平公正	寬厚	復原力
賞識	信念	領導	決心
魄力	名聲	學習	應變能力
大膽	家庭	邏輯	尊重
聰慧	無畏	愛	責任感
優美	忠貞	忠誠	風險
冷靜	健身	精鍊	安全感
坦率	自由	成熟度	自律
確定性	友誼	意義	簡約
挑戰	節儉	正念	孤獨
明確	娛樂	金錢	速度
整潔	慷慨	敞開心胸	心靈成長
合作	善心	機會	自發性
承諾	感激	樂觀	容忍力
團體	快樂	指令	傳統
慈悲	努力工作	原創性	真相
信心	和諧	熱情	統一性
持之以恆	健康	愛國心	變化性
貢獻	助人	和平	視野
勇氣	誠實	完美	活力
創造力	尊敬	堅持	溫馨
可信度	謙卑	個人成長	財富
果斷	幽默感	趣味性	獲勝
多樣性	想像力	樂趣	智慧
職責	創新	討喜	驚奇
教育	求知慾	權勢	

請參考清單中的領導關鍵詞，挑出一些你覺得最有共鳴的字詞。你若是一邊讀《領導力藍圖》，一邊在書上做記號或寫字，大可直接圈出你要的字詞。你也可以用電子練習簿來做記錄或直接寫在紙上。當然也要請你務必利用便利貼，尤其是這一節的練習活動。當你參考我先前提供的範例，一邊做著這個練習的時候，應該會想到其他未列在其中的字詞，也一併將這些對你意義深遠的字詞寫下來。

最後要請你做出一張領導關鍵詞清單，且這張清單應該要有具體重點。也就是說，在這個步驟你要多加斟酌、多花一些編寫的功夫，不像之前的練習那樣想到任何事就全都寫下來。

回想一下你到目前為止隨著《領導力藍圖》所做過的練習，包含各種省察和腦力激盪、價值觀、使命初稿，還有你利用圖4.1挑選出來的關鍵詞。將這些材料一併思考，然後把覺得特別有共鳴的詞彙——也就是你一再重複提到的關鍵字寫下來；你的領導關鍵詞便是由此而生。

哪些字詞能讓你從中獲得力量，讓你可以用來描繪你最重視的事情？哪些字詞

跟你想要成為的那個人和領導者息息相關？這張關鍵詞清單握有巨大力量，幫助你為人處世。

我的領導關鍵詞

接下來請參考你的**價值觀**和**領導關鍵詞**，試著列出一張初步的**領導信念**清單。舉例來說，如果領導關鍵詞當中有一個叫做「誠信」的詞彙，那麼能體現這個詞彙的核心領導信念或許是「言出必行」，或按照字面上意思這樣寫：「我相信真正的領導者會以誠信來領導。」又假如有一個名為「務實」的關鍵詞，不妨用「三思而後行」作為彰顯該字詞的核心信念，或借用史蒂芬．柯維的名言「以終為始」。領導信念的寫法包羅萬象，也沒有對錯之分。請利用以下空白處初步寫下你的領導信念。

我的領導信念

你的「地基」已經漸入佳境了！現在你對自己的價值觀有一番瞭解，也因此得以寫下初步的領導關鍵詞、領導信念、領導使命，並且根據你自身的經驗和省察，深入掌握了你和別人的動力來源。接下來要推進到**第三步驟：學習**。

第五章

Chapter Five

第三步驟「學習」——奠定根基

「我沒有特殊天賦，只是有強烈的好奇心。」

—理論物理學家愛因斯坦（Albert Einstein）

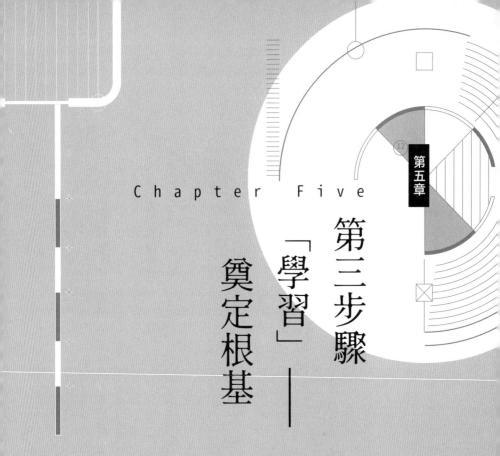

藍圖流程

將領導力提升至新高度的六步驟

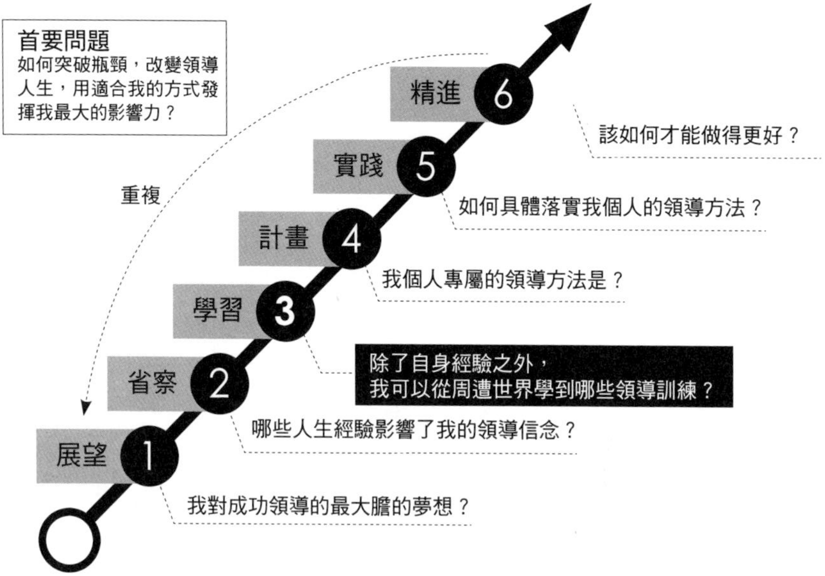
首要問題
如何突破瓶頸，改變領導人生，用適合我的方式發揮我最大的影響力？
重複
精進 6
該如何才能做得更好？
實踐 5
如何具體落實我個人的領導方法？
計畫 4
我個人專屬的領導方法是？
學習 3
除了自身經驗之外，
我可以從周遭世界學到哪些領導訓練？
省察 2
哪些人生經驗影響了我的領導信念？
展望 1
我對成功領導的最大膽的夢想？

丟了工作後的我，覺得自己陷在瓶頸裡。我於求職過程中因為找不著自己的立足點而倍感煎熬，在精神導師尼爾的協助之下，才得以跟真正的自我連結，開始省察人生經歷。尼爾要求我做很多事情，例如寫人生故事、建立人脈等，這些並非我習慣會做的事，但我還是設法去做，因為迫切想找到工作的意念驅策著我。也正是因為這股迫切感，我深刻瞭解**學習**的重要。

我一向愛看書，尤其是描寫有趣人物的書籍。但我在職場上直到被無預警開除那一刻之前，都只把閱讀當作一種休閒活動。我的閱讀主題深受生活裡關注的事情所牽引；例如由於我是土生土長的伊利諾州人，所以我迷上亞伯拉罕·林肯（Abraham Lincoln），讀遍了以他為主題的書。另外，我青少年時對網球十分熱愛，閱讀主題變成對網球運動影響至深的偉大選手。大學時又因為主修政治科學，自然讀了不少介紹美國歷代總統及其他世界領袖的書籍。念MBA學位時，我又對探討知名商業界領袖的書籍感興趣。

不過長大成人之後，我在工作之餘的求知慾淡了下來，或者也可以說沒有需要求知的理由；假設現在有某本書或某個觀念引起我的興趣，我大概會一時興起翻一翻，粗略地看，不會特別花心思找裡面有什麼領導方面的心得，閱讀對我而言頂多是個消遣或嗜好罷了。後來我有了家庭，工作又從早忙到晚，就更沒有閱讀的興致了。但等我開始找工作後沒多久卻發現，學習絕對不只是指讀學校裡那些痛苦的教科書，也非被動式的努力。學習是成功的關鍵，甚至有可能是助我一臂之力、幫我找到工作的必要手段之一。

在尼爾引導之下我更加深入反省（我把這些初步步驟改造成藍圖中的省察步驟），也因此深刻體悟到自己還有很多要學習。到目前為止我所做的省察僅侷限在自身的人生經驗框框裡，雖然透過省察所得到的洞見刻骨銘心，往往也十分關鍵，但效果依然有限。

我發現若要真正踏入領導的大門，就必須探索在個人經驗和回憶之外的世界。我得破除那道使我無法更加全面瞭解領導這項技藝的障礙。這番領悟一開始並不強烈，後來逐漸變得清晰有力，這時我才瞭解到「我真的應該在這方面好好下功夫」。求職心切的我，唯有採取新的學習途徑，更有意識地把學習融入生活當中，才能提升我的應徵資格並成為更出色的領導者。這並非指我過去對學習不感興趣，我想表達的重點在於被開除使我覺醒，而此時此刻所面對的關卡不是開玩笑的。

拓展「學習」的概念

就我而言，我對學習的認知主要分成兩大層面，而藍圖的**學習**步驟所包含的練習活動正是以此為架構。各位接下來也會看到，我們必須借鏡其他領導者的經驗，才能把學習的兩大層面銜接起來。

建立人脈

學習步驟的第一個概念是**建立人脈**。一般人往往視人脈為升遷和經營職場人際關係的管道。話是這樣說沒錯，但又不僅止於此。我被開除後，求職路走得十分坎坷，因為在此之前我把自己封閉在職場十年，並沒有深耕我在公司之外的職場人脈。尼爾讓我知道，我必須建立更廣闊的人脈，藉此拉抬我的事業運。

我按照尼爾的建議，寫信給在我求職過程中跟我有過接觸的人，感謝他們為我撥出時間。在我覓得下一份工作之後，我仍然跟其中不少人士長久保持聯繫，這是我的實踐方式。我和那些想幫助我學習、成長和出人頭地的人建立良好關係，同時也一直在找機會回報他們的好意。那是一段很棒的經驗；我遇見的那些人多半都變成了我的朋友和（或）同事，我們互相砥礪，建立革命情感，也彼此支援照應。我可以驕傲地說，到現在我都還維持著當時所建立的人際關係。

在我著手深耕人脈、擴展人際圈、結交新朋友之際，我也領悟到人脈不只是用來到達某個目的的手段而已；人脈其實也是一種成熟的場域，可以從中學習領導能力。確實如此，人脈是可以幫助我找到工作，但我也能從自己的人際網絡中去觀察別人，去看「其他領導者」如何帶人。我也可以跟這些人士談一談自己碰到的挑戰，並且向他們學習，我在企業界的旅程也因此變得豐富多采。領導對我而言不再是孤獨的追尋，我可以徵詢別人的想法，問他們如何處理某些特定情況，聽聽他們的想法，跟他們一起討論關切所有領導者的議題。同時也學會打造個人的虛擬人際網絡，我將之命名為「卓越隨行者」（Entourage of Excellence），在這個網絡裡的人士都是我過去和現在有需要時會徵詢的對象。（本章會帶領你打造專屬於你的隨行者。）

透過建立人脈，讓我懂得向其他領導者——也就是我的同儕——學習，這不但把我變成更好的領導者，而且還持續砥礪我更加進步。

做功課

藍圖學習步驟的第二大概念比較偏向傳統觀念上對學習的定義，也就是指「做功課」。換句話說，你必須閱讀跟領導有關的內容，去研究你過去和現在所敬佩之領導者的言行，向主管、教練諮商或尋求精神導師的指點等。

從那段求職過程到後來的數十年歲月當中，我領悟到一個道理，那就是「天底下沒有新鮮事」。不管我現在面對什麼問題，過去一定也有人碰到過。因此，無論遇到何種挑戰，十之八九會有某本書、某篇文章、某個人、某篇部落格或其他資源，可以幫助你掌握處理這個問題的要領，當你有此認知的時候，內心也會感到振奮與釋然。一旦把學習變成領導實務做法的其中一個環節，並養成習慣之後，你會發現自己在領導這條路上從不孤單。你做的功課愈多、學得愈多，就能更加靈活應用並觀察效果，進而對學習更加著迷。

換你上場

我已經跟各位分享我如何領悟學習的重要，現在輪到你上場，親自來體驗！藍圖到目前為止已經把你沉浸在一個十分熟悉的地方，即你個人的內在世界、經驗與人生故事。挖鑿自身的經驗想必讓你覺得恐怖又渾身不自在，但無論如何，你應該還是擁有主場優勢的安全感。

學習步驟會刺激各位跳脫既有經驗，透過閱讀、觀察、實踐與學習從周遭世界取得更深層的洞見。此步驟除了需要你做功課之外，也要將到目前為止所挖鑿的所有洞見統整起來，融入到地基之中。

即便你的領導故事等於人生故事，但還是必須以這世界的一分子來實施領導。因此，請將目光向外看，觀察你周遭的世界、望著其他領導者，這一點至關緊要。這個世界上有形形色色的人和地方，有著各式各樣的氣質與作風，寬闊無邊。倘若你設計的地基完全以自我為中心，就難以和他人連結。學習之所以必要，原因就在於此，這都是為了確保你的領導禁得起檢驗，即使碰到突如其來的惡劣天候也依然屹立不搖。你必須透過觀察其他對象來鞏固自己的領導結構，而其他對象指的就是其他人、領導者、思想家、作家、朋友、學生、導師、書籍、文獻、電影和信件等諸如此類的對象。外在的視角與專業會幫助你持續探索新方法將自己的價值觀跟地基連結，並且陪伴你走過領導旅程，把你變得更出色。

一般認為，領導是一種孤獨的追尋，正所謂「高處不勝寒」。不過除非你選擇孤獨，否則這種說法是不成立的。即使在現實世界裡你欣賞的那些領導者離你很遙遠，但你還是可以根據你對他們的策略與信念所進行的研究或觀察心得，隨時想像他們會給你何種忠告。一開始請先做個練習，我的職涯可以印證這個練習十分有效。

卓越隨行者（The Entourage of Excellence™）

此練習活動提供一個架構，來評估你欣賞其他領導者的何種特質，接著你再利用評估的結果組成一個「顧問團」，在碰到棘手的狀況時隨時輔助你。

當你走在領導的旅程上，影響你處世哲學的人其實不計其數。你應該會欣賞各式各樣的人，而欣賞他們的理由也各有不同。例如一想到職場道德的典範時，腦海裡會浮現某個人；說起談判技巧或面對壓力時的從容不迫，你又會想到另一個人。

影響你的人當中有些也許是朋友或家人，有些可能是知名領導者或精神導師，又或許是作家、教練、同僚或幾百年前的偉大思想家之類的人物。除此之外，也或許當你想起某位「天底下最好的老闆」時心裡尚帶有一股暖意，還會去徵詢他的建言。大多數的領導者都有這種可以為其指點迷津的「諮詢」對象，只要想到曾經觀察到那些正面特質並且想複製其領導作為時，這些諮詢對象的身影就會躍入。

隨著情況不同，你「諮詢」的對象勢必也會跟著改變。例如當你面對競爭場面時，你會想到這個人；你準備對別人講負面意見時，你會想到那個人；但當你想培養情緒智商的時候，又會想到另一個人。

隨著你在領導旅程中一步步向上爬升，碰到的問題也會變得愈來愈棘手，你必須更加明快又果決地做出決定。這時若是備有一種途徑，把所有曾對你有過正面影響的人物都集結起來為你所用，肯定讓你事半功倍。

卓越隨行者練習就是一個可以發揮此效果的做法；你可以透過此做法更有組織又有意識地想起那些影響你領導的人士。另外，這個做法也會快速啟動一套流程，這套流程會在你有需要時，轉眼便備妥一組高效能的隨行顧問供你使用。

剛開始請先從小處著手，不必從大處去找你的隨行者。這個活動的唯一要件就是要仔細思考，找出真正啟發你、對你有所裨益的人來加入隨行者名單。

首先，先針對以下領域挑選：

從你的職場生活找出兩位人士（過去或現在皆可）

從你的私生活找出兩位人士（過去或現在皆可）

從歷史上挑出兩位曾啟發你的領導者

如果你想不到任何人體現你所欣賞的特質，不妨參考之前做過的功課。現在你的手上已經有一張價值觀清單、初步的領導信念、領導關鍵詞及領導使命初稿。這些資源都能提供一些線索，有利於你找出需要哪種領導者加入隨行名單。

以我個人為例，我覺得「有話直說」很重要，所以將尼爾列入隨行名單。「信任」也是我十分重視的特質，因此史蒂芬與小史蒂芬．柯維（Stephen M. R. Covey）父子也入列。我認為領導是充滿個人特色的事情，於是把華倫．班尼斯這位在打造個人領導做法上無人能出其右的領導者（他同時也是我的精神導師）網羅到隨行名單裡。另外，我也明白了一個道理，那就是領導者必須以他們欣賞的人為楷模，仿效其作為，去「成為他們要看到的改變」。於是乎，在我人才濟濟的隨行名單之中，除了羅列跟我有一面之緣和相熟的人士之外，也包含僅從旁觀察或研究過的人物——甘地（Gandhi）也占有重要的一席之地。從四面八方把對我有所影響的人物拉過來，以頂尖好手組成我的顧問團隊。各位也會打造出你專屬的隨行者。

請寫下中選人士的下列資訊：

姓名

他們令你欣賞的特質（例如團隊合作能力、心理素質強大、高EQ等）

以二至三句話或小故事扼要敘述你把這位人士納入隨行名單的原因。

以下範例可供參考：

1號隨行者

姓名：

關係：

令人欣賞的特質（團隊合作、心理素質強大、高EQ等）：

扼要說明這些人士雀屏中選的原因（二至三句話）：

2號隨行者

姓名：

關係：

令人欣賞的特質（團隊合作、心理素質強大、高EQ等）：

扼要說明這些人士雀屏中選的原因（二至三句話）：

3號隨行者

姓名：

關係：

令人欣賞的特質（團隊合作、心理素質強大、高EQ等）：

扼要說明這些人士雀屏中選的原因（二至三句話）：

4號隨行者

姓名：

關係：

令人欣賞的特質（團隊合作、心理素質強大、高EQ等）：

扼要說明這些人士雀屏中選的原因（二至三句話）：

5號隨行者

姓名：

關係：

令人欣賞的特質（團隊合作、心理素質強大、高EQ等）：

扼要說明這些人士雀屏中選的原因（二至三句話）：

6號隨行者

姓名：

關係：

令人欣賞的特質（團隊合作、心理素質強大、高EQ等）：

扼要說明這些人士雀屏中選的原因（二至三句話）：

____

____

____

這組最初步的六人名單只是開端而已，等逐漸習慣流程之後，你終其一生都可以隨時為隨行名單補充成員。**名單一旦成形，它就會如影隨行跟著你，無論你身在何處。**你需要指引時，只要快速評估隨行名單，針對目前的問題挑出適當人選，然後在心裡問「如果是某某某會怎麼做」即可。

隨行名單的操作方式是在內心讓自己跟挑出的人選進行一場諮商對話。問自己以下問題：

- 他們對這種情況會有什麼反應？
- 他們會如何建議？
- 他們會問你什麼問題？

・他們會如何挑戰你？

這個練習活動做得愈多，就愈能幫助你在做決策時更快速又有效率地發揮隨行者的力量。現在這套做法對我來說已經習以為常，我可以在剎那間向我的隨行者做「諮商」，雖然諮商的時間非常短暫，卻往往能產生巨大影響。此流程變成習慣之後，你也會更有自信地以卓越眼光挑出最佳的前進路線，而且一瞬間就能做到，這便是習慣性向周遭世界學習來增加自身經驗的好處。

綜合分析

觀察周遭世界是領導的學習步驟中很重要的一個層面，不過還有一個環節同等重要，那就是以批判的角度來分析你的觀察心得，從中擷取可行的洞見，將習得的道理彙整成實際可用的人生智慧，讓你能夠在領導的過程中運用。若不能學以致用，把你學習領導的心得轉化為實際應用，效果勢必會大打折扣。

為了促進學習，接下來要引導各位做練習，許多參加 ConantLeadership 新訓營的學員都在我的指點下做過此練習。方法很簡單，基本上你會透過這個活動累積大量的最佳實踐做法，並且把地雷行為揪出來。這些學員在結束為期兩天的新訓營訓練課程之後，就會發現如何向前邁進、讓自己更上一層樓其實有規則可循。這也會促使你學以致用到日常生活中。

領導的模範與地雷行為

你在卓越隨行者練習活動中寫了一張最令你欣賞的領導者名單，也列出了你之所以需要他們應援的理由。接下來，請針對上述練習及藍圖步驟一和步驟二的發想活動，更進一步從中整理出一些可行的洞見。

首先，只要把你的卓越隨行者獨有的特質及你在回答「什麼動力會激勵別人盡全力發揮」這個問題時所想到的戰術銘記在心，就能從你到目前為止所做的省察結果抓出「超級精選」——也就是身為優秀的領導者一定會做的**五至十件最佳實踐做法**。

這幾項實踐做法應該要具體且實際可用，能真正體現重要特質，因為進行到藍圖的下一步驟、準備打造你的領導計畫時，這些做法就會變成不可或缺的組件。

舉個例子來說，經過省察之後你發現「表揚」或「贏得信任」是你心目中優秀領導的基石，就可以透過「寫親筆感謝函」來落實這項特質。

再舉一例，假設你觀察到頂尖領導者往往具有「高度策略性」，那麼「凡事以終為始，用回推方式來訂定明確目標」便可助你體現該特色。

請先思考以下概念，可以幫助你更深入掌握這個練習的重點：要把某個人對你有深刻啟發的特點明確表達出來並非易事。描述他們的某個特質或許很簡單，例如提到他們品格上的誠信、個人魅力非凡或強大毅力等，但這些特質不容易揣摩，通常也難以複製到自己的領導風格當中。

為了讓這個練習變得更容易上手，不妨腦力激盪一下，找出你的隨行者過去或現在做了哪些**特定作為**激起你心中的漣漪。例如他們總是會花時間四處走動，直接跟別人接觸交流；又或者他們一定會周到地開啟與別人的互動。

以我自己為例，我絕對不會忘記尼爾每次與別人互動時都用「我可以幫什麼忙」短短幾個字作為開場。他這種做法奇妙地讓人卸下了心防，以簡短幾個字乾脆利落地把焦點放在對方身上，也把雙方對話定調為一起合作、用建設性的方式來推展事情的模式。這種實踐做法很簡單，卻富有成效。我個人在領導上用「我可以幫什麼忙」來開啟互動的做法已有數十年之久，在此我也要很驕傲地說，這句話正是從他那裡偷來的。我把尼爾的精神傳導出去，只盼望我也能像他一樣在自己有生之年一有機會就運用這句話。

實踐做法造就新氣象

實踐做法最終會造就新氣象，因為這些做法把想法化為了行動。也許激發出來的心靈力量不可能跟你的精神導師一樣，但只要你想著「他們做了什麼」，而不是「他們是什麼人」，那麼你能夠在自身領導過程中頓悟他們精神的可能性就大多了。

利用這個練習替你的學習打穩根基，找出實際可行的方法仿效你心目中的英雄，讓你的領導更上一層樓。基本上，你要做的是研究他們的作為，並試著用適合你的方式來模仿其行為。

請先從擬定「模範作為」清單開始，逐步完成此練習。你可以運用先前已完成的省察活動所寫的初稿，不過現在要做的是試著從你認識或研究過的頂尖領導者身上，把你觀察到的五至十個最佳實踐做法找出來列成清單。實踐做法指的就是將省察結果化為行動的途徑。

稍後你就要著手將這些實踐做法整合到領導模型之中，而你的領導模型最終就是要仰賴實踐做法所代表的行為來實現。

模範作為

地雷行為

明確界定領導者的模範作為十分重要，而地雷行為同樣也必須具體勾勒出來。

現在請再擬定一張地雷行為清單，找出五至十項優秀領導者絕對「不會」去做的事情。

就你的經驗來講，哪些特質或行為會對團隊或組織的努力有不良影響？你已經在省察步驟稍微想過這個問題，不過現在要做的是把先前的省察結果去蕪存菁，提煉成一張最終清單。

根據省察結果及你對其他領導者的研究所找出來的地雷行為，必須是十分具體、避免去做的事情，例如不回饋意見、不守承諾、說謊、吹噓或總是歸咎於他人。列出五至十個絕對禁忌，也就是無論面對多麼痛苦的挑戰，無論這一天過得有多麼慘，也絕對不應該去做的行為。把務必要避免的行為具體列出來，這樣的練習活動有助於鞏固你的地基與模範作為清單。

地雷行為

現在，你已經對自己的經驗有更深入的認識，也嚴肅認真的研究周遭世界，找出可以把你形成的初步領導方法付諸實現的具體作為，那麼接下來就要用這些洞見來做計畫。此刻的你已經具備設計領導模型的條件了。

接下來就要進入下一章**第四步驟：計畫**。

第六章

Chapter six

第四步驟「計畫」——設計領導模型

「所有模型都是錯的，但有些比較好用。」

—統計學家喬治．巴克斯（George Box）

藍圖流程

將領導力提升至新高度的六步驟

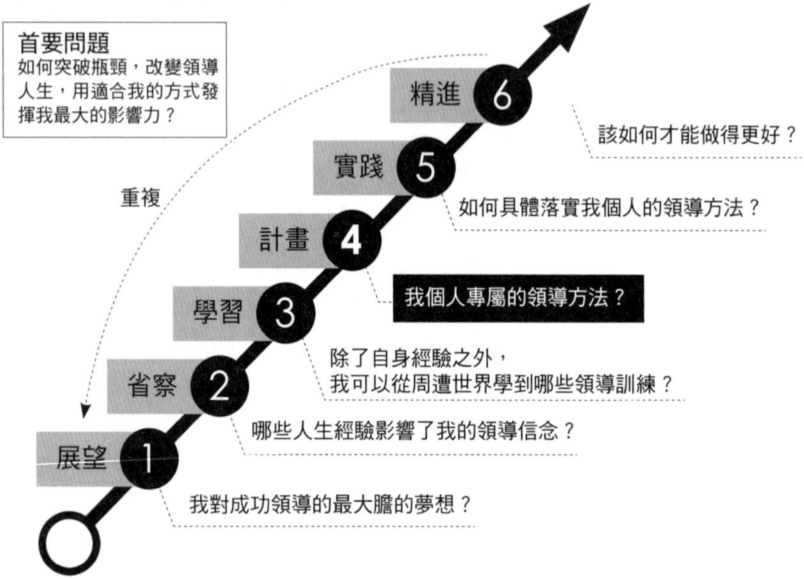
首要問題
如何突破瓶頸，改變領導人生，用適合我的方式發揮我最大的影響力？
重複
精進 6
該如何才能做得更好？
實踐 5
如何具體落實我個人的領導方法？
計畫 4
我個人專屬的領導方法？
學習 3
除了自身經驗之外，
我可以從周遭世界學到哪些領導訓練？
省察 2
哪些人生經驗影響了我的領導信念？
展望 1
我對成功領導的最大膽的夢想？

大多數的領導者對於想要完成的重大商業創舉都會訂定計畫，例如人才招募計畫、商業開發計畫和業績提升計畫等。他們當然會計畫，這是常識。沒有商業計畫就沒辦法創業；沒有行銷計畫就推出產品，表示你太輕率。另外，你大概也找不到有哪一個組織沒有做三、五年計畫，或有哪一個組織沒有明確宣示每一季要達成的目標。企業界（也包括學術界、非營利機構和公共領域）的結構裡已經跟計畫密不可分；想把事情做好，就需要一條可以依循的路徑。

然而，制訂計畫與計畫書雖然在商業界來講是無所不在的事情，但如果你問大多數的領導者對於如何讓自身領導力更上一層樓有什麼計畫時，通常會聽到這樣的答案：「呃，這個嘛，我不知道。」因為這些領導者沒有這樣的計畫，雖然他們做任何其他事情都會擬定計畫，卻沒想過打造有系統的方法來精進個人領導力。

我個人問過許多領導者做了什麼計畫來精進領導力，他們聽了我的問題以後往往支支吾吾，說不出個所以然。為此我深表同情，因為對多數人來講，這是一個未知的場域。有些領導者會用他們的「職涯」計畫來回答我，但這種答案跟我的提問是牛頭不對馬嘴。我問的不是面試時那種千篇一律的提問，例如「你覺得自己五年後會在哪裡」之類的問題。我的目的是要刺激他們去思考該怎麼做才能成為自己想成為的那種領導者，如此一來才能更有效、更加真誠地提供服務。

若要確實做到這一點，就需要個人化的領導模型，這種模型專門為他們本身的領導與為人處世所設計，無論職涯會有什麼樣的發展。本章的重點也在於此：幫助你打造一個可以在現實世界裡實現領導的計畫。首先要做的是把原型創建出來，然後再於下一章好好琢磨這個原型。

模型俯拾皆是

到了本章，各位總算可以把你的藍圖從思考與省察的大腦活動跳脫出來，進入具體有形的物質世界當中，這也表示現在開始你要實際動手做了。假如你一直都有用我推薦的便利貼當作工具，那麼你的手上已經有「積木」可以拿來組出你個人的領導模型。要是你到目前為止都不曾用便利貼，你仍然可以從已經做過的練習裡汲取許多有用的資訊。在思考並寫下你的領導使命和領導信念（以價值觀為基礎材料）之後，接下來你需要一種清晰又有條理的方法來加以呈現，也就是你的領導模型。

什麼是領導模型？

領導模型呈現出一種機制，這種機制由概念與實踐做法所組成，讓你用來幫助他人——包括你自己在內——認識與瞭解你的領導方法。從本質上來看，領導模型是用具體有形的呈現方式，來指出你認為領導最重要的東西，及你打算採取什麼作為來達成目標。最終當領導模型打造出來之後，你便可針對自己打算如何領導勾勒出一個大致的輪廓。當然，這種解釋聽起來可能有點過於理論化，所以我要提供幾個例子，來幫助各位理解。

我要分享的第一個例子是我本人的領導模型，稱為 ConantLeadership 飛輪（下頁圖 6.1）。這個模型是我用了四十年的職涯歲月開發而成，而且本著提倡不斷求進步的精神，因此我至今依然持續調整和琢磨它。就在最近，我又趁著撰寫這本書之際，再次把此模型做了一些修改。不知道這會不會有「結束」的一天，不過到目前為止每一次的反覆作業都對我助益良多。

各位現在看到的飛輪是我在金寶湯公司擔任執行長時期所建立的金寶湯領導模型進化版。當時這個模型讓我和公司有所依據，並且幫助我們扭轉這家陷入困境的公司，把它從生死關頭救回來。本書的附錄可以找到關於飛輪及其各個環節更詳盡的解釋，不過現在可以先觀察這個飛輪，並參考其他幾個範例框架，有助於你在計畫的過程中刺激靈感，想出專屬於你的模型。

各位想必已經猜到，飛輪是充滿我個人色彩的模型框架，它專門用來表達我是什麼樣的人、我有何信念及我打算如何領導。我在向別人介紹飛輪時，通常會特別解釋，如果你不喜歡飛輪真的也沒關係，因為這本來就是我的模型，它只需要適合我用

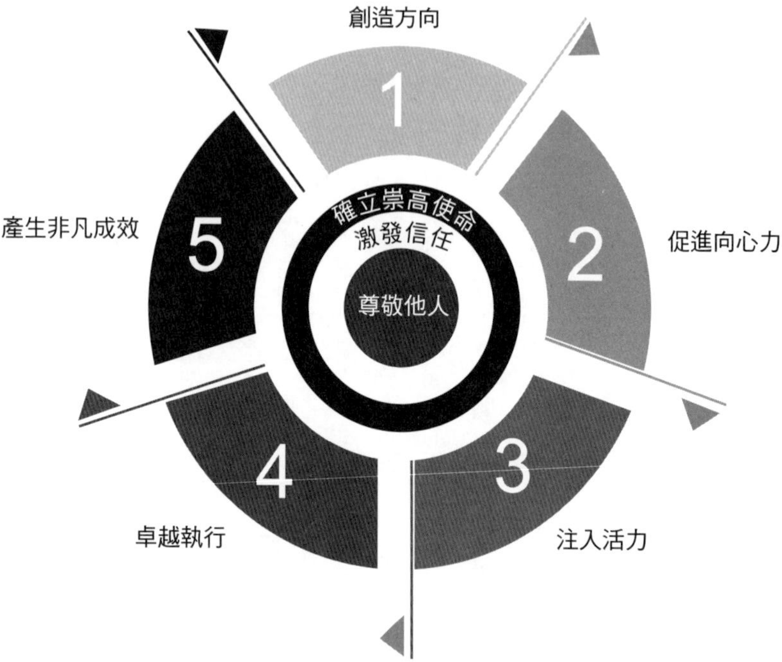

圖 6.1：ConantLeadership 飛輪

就好，不必適合你。此番道理也可以用在你設計的框架上；換言之，這是你的框架，屬於你個人，不必用來取悅別人（儘管你必須學著用這個框架去取得你的組織所能接受的成效）。

模型各有巧妙

當我在ConantLeadership新訓營和高階主管領導力學院（Higher Ambition Leadership Institute, HALI）教學時，會帶領像諸位一樣的領導者探索設計個人領導模型的整個流程。學員們想出來的點子令人讚嘆，每一種模型都各有巧妙。他們創造出來的模型大部分都迥異於我的飛輪，而不一樣也是應該的。有些人設計出房子、樹木、馬路或地圖的框架，有些人則運用幾何圖形、三角形、長方形或圓形等，還有一位學員甚至想出用魔術方塊來當模型。

這裡的重點並不是要大家用特殊的方法或圖像去創造模型。每個人的領導力各有不同，其領導方法反映的是個人的自我。ConantLeadership 新訓營和本書的宗旨在於協助各位找到自己獨特的聲音，讓你有能力把這股聲音表達出來，並且指點你如何善用領導聲音在職場與人生中拿出更好的表現。有鑑於此，接下來你也要和這些新訓營學員一樣，探索整個做計畫的流程。

最近有一位學員克萊兒表示，她因為探索了這個過程，而首次碰觸到真實的領導自我。克萊兒以漫畫裡的超級英雄為例，說她在尚未省察、創造個人領導模型之前，自覺像鋼鐵人（Iron Man）——鋼鐵人很強，穿著外掛式生化裝備，他的超能力來自外在的東西。但相對來講，自從創造了自己的模型之後，克萊兒就覺得自己更像金剛狼（Wolverine），因為這位超級英雄的超能力是內在固有，他的力量源自於內在世界。

為什麼要用領導模型？

瞭解模型為什麼可以如此強大至關緊要。那些有助於我們的領導之路走得更順利的工具，往往來自外界；也就是說，我們是從外在世界的資源找到這些工具並加以運用。但領導模型是我們自己從內在打造的工具，所以顯得特別有意義。

無論你替自己的模型挑選何種設計，此設計都會用既能引起你的共鳴，又可以讓他人瞭解你的思維方式，將你對領導的觀點納入模型。一旦開發出自己的模型加入地基之中，你就有資源可以幫助自己採取始終如一的作為。領導模型是一種精鍊的工具，除了有利於你對自己負責，也能藉此向別人傳達你有什麼值得期望的地方。你還可以把模型當作試金石，拿來比對你的作為，當然別人同樣也可以這麼做。

舉例來說，如果你的模型把「尊敬他人」擺在最核心的地位，就像我一樣，這就表示永遠會有一個記號提醒著你，確保你的所作所為都在履行這個承諾。模型會成為最可靠的資源，促使你把信念與行為合而為一。即便事情的發展讓你倍感艱辛，因為有時候不可避免會這種狀況，但你可以指望模型幫助你堅守原則來因應問題，並且以最具效率的方式應用你的技能。正如策略計畫、商業計畫或行銷計畫可以讓你保持正確方向，你的領導模型會成為明燈，指引你守住那條你必須走的路徑，才能過你想過的人生。

模型的主要元素

每個人的模式不一樣，也應該不一樣，因此我會小心別對各位如何打造自己的模型及該納入哪些元素設下太多規定。這本來就是即興發揮的流程，你可以用各種不同的概念去處理，嘗試不一樣的東西，觀察哪個部分最突出，找出感覺很對的地方，然後把到目前為止的省察結果綜合起來。不過，對於模型應該納入哪些元素，還是有一些指導方針可參考。

引導問題

現在你已經思考過領導使命與領導信念，那麼領導模型的引導問題應該是：**我該如何「提升」領導使命並「彰顯」領導信念？**

從以下兩點來思考，可以讓這個問題變得更具體：

- 所謂提升使命是指你的領導會發揮多大成效。
- 彰顯信念則意味著你的表現有多真誠。

你在創造模型的原型時，會來來回回參考使命與信念，邊做邊調整，一直到最後，對每一個元素你都能更加瞭如指掌。

兩大基礎

我個人的領導信念之一就是對標準必須實事求是，同時亦不忘寬以待人。換言之，身為領導者要「雙管齊下」，除了致力於達成組織對績效的期望，也需多多關照組織成員的心境，而最理想的模型可以同時解決這兩個面向。

由此可見，你的模型應設法納入以下兩樣基本要件：

- 績效
- 部屬

就我的經驗來講，如果能兼顧績效與部屬的話，不管你處於任何職場文化或碰到任何挑戰，甚至身在最動盪的環境之下，你依然可以無往不利。這番道理亦適用於領導模型。只要你的模型同時呈現了對績效表現與培養部屬的重視，此模型必定能朝著積極正面的方向前進。

類群

以我的飛輪為例，此模型包含了**八大相連的實踐做法區塊**，這八個區塊截然不同卻有相互連結的特性。我為了持續精進自己的領導力並保持在最佳狀態而做的計畫，需要的正是這八個不可或缺的環節；這樣的組合彼此相得益彰。

無論你選定何種形狀與框架，你的模型也一定要有重要的實踐做法區塊。到了下一章的實踐步驟你會有機會精修這些區塊，不過現在只是剛開始，請先從先前的省察結果理出一些關鍵的訣竅與要領，集結成「類群」。

我在前言中曾提醒各位務必把「靈感」——即各種對你深具意義的字詞、想法、點子、實踐做法或詞彙——用便利貼做記錄，每一個「靈感」寫成一張便利貼。如果你一直都用這種方法的話，想必現在已經累積了許多便利貼，可以當作積木一樣用來做類群練習。便利貼靈感自然是愈多愈好。

> 如果你沒有用便利貼，那麼現在應該要開始抓出一些字詞、構想或想法，將之集結成類群了。先回顧一下先前做過的練習，然後稍微想一想過程，從中至少收集幾個關鍵的洞見、字詞或構想。
>
> 有沒有哪些啟示特別引起你的共鳴？
>
> 是否有某個問題或概念反覆出現在你身上？
>
> 把想法都寫在便利貼上，用大張影印紙撕成的小紙片來代替便利貼也可以，準備聚集成類群。

在這個初步階段，你的靈感不至於多到眼花撩亂，所以不必對要加入類群的東西太過精挑細選。之後你會有機會做刪減，再將去蕪存菁後的內容具體化，變成你最重要的實踐做法區塊，不過目前只要大致抓出來即可。

分類

利用一大張紙、筆記本、桌面、書桌、白板、黑板或任何平面的東西，把便利貼統統攤開。一邊看著便利貼，一邊找出它們之間的連結，主題會慢慢浮現出來。

問自己下列問題：

哪些字詞或概念看起來像同一類？
哪些元素好像在呼應你的領導使命？
哪些元素好像在呼應你的領導信念？

開始編排便利貼或小紙片，把它們分成一組一組。別擔心分得「對不對」，總得先玩玩看，嘗試各種配對與分類，排出各式各樣的形狀，然而在過程中你會注意到，不同的主題逐漸浮現。這種主題通常會有三至七個，不過有些人會找出更多主題。

以下提供幾個熱門主題的範例，可激發你的思維。

- 適應力
- 成長
- 熱忱
- 使命
- 信任

- 實現
- 成效
- 當責
- 誠信
- 可靠度
- 紀律
- 意圖
- 寬厚
- 高標準
- 真誠
- 雄心壯志
- 謙遜
- 堅毅
- 決心
- 權力

分出來的主題會有各種可能性，以上只是其中幾個範例而已。（說不定你找到的主題不在上述之列，那也沒關係。）

塑造形狀

接著好玩的部分來了。試著把你的分組排成一個你覺得特別有感的形狀或框架。你設計出來的特殊圖案有千變萬化的可能性。有些人會認為這個部分易如反掌，順著感覺就能抓出來。以我個人為例，動態概念及其他能夠相互搭配發揮效果的元素特別能引起我的共鳴，因此我立刻就領悟到可以傳達動態感覺的環狀圖形便是最適合的設計。說不定你一眼就看出適合自己的圖形，例如正方形或金字塔的骨架，又或者你的腦海裡會浮現飛輪的模樣，就跟我一樣。

很多人會從自己興趣、愛好和職場之外的憧憬汲取靈感。（這也合情合理，畢竟正如先前所探討過的，個人的領導故事本來就跟人生故事密不可分。）

我的學員當中有一位醫生參考解剖學的架構，採用了人體的形狀。另一位學員由於熱愛瑜伽，所以用脈輪（chakra）當作領導模型。不少人會聯想到道路或路徑的概念，因為這種形狀呈現出綿延不絕的承諾，象徵著領導旅程始終都在向前推進。有些人用樹木作為框架，這種形狀可以讓他們把最重要的主題當作整個模型的根基，而在根基之上其他作為支援性質的主題則化為枝芽，從樹幹延伸出去。另外也有人會以房子、劇院、花園、橋梁甚至是飛機來作為模型的靈感。

美國奧運金牌得主查理．摩爾（Charlie Moore）曾擔任過全球組織CECP（Chief Executives for Corporate Purpose）執行總監，其領導模型的成形源自於他那段身為傑出選手的時期。他以四百公尺跨欄的比賽為靈感，塑造出獨一無二的框架，他稱之為「追尋思維」，此模型分為五大部分：

一、釐清最重要的東西是什麼。
二、找到距離最近的前進路線。
三、化為行動。
四、不輕言放棄。
五、加碼投入。

查理用從他最熟悉的運動員視角，來看待自己的領導力。各位雖然不是奧運選手，但想必也會對你人生當中的某些經歷和興趣有所共鳴。

圖 6.2：形狀與框架的範例

上頁圖6.2列出幾個形狀與框架的範例供各位參考，說不定「你」會從中找到靈感，有利於設計自己的模型。這些只是其中一小部分的範例，各式各樣形狀都可以用來當作根基，把你獨一無二的領導方法呈現出來，所以請挑一個最有感覺的形狀。

誠如各位所見，作為模型骨架的形狀可以千變萬化，但無論是何種形狀，全都能透過淺顯易懂的方式來表達看似複雜的東西，令人一目了然。（若想參考其他領導模型範例，請造訪以下網址：conantleadership.com/blueprint。）

現在就動手做做看吧！試了這個形狀不適合，就換另一種試試看。別卡在非要完美不可或「面面俱到」的想法裡，現在只是在打造原型而已。

找出你覺得滿意的形狀作為起點之後，先利用以下幾個問題對你的模型做最後評估，接著再進行到下一章。

目前這個模型是否具備一套可以實現績效的方法？

此模型是否備有一套尊敬他人的做法？

是否有累贅的字詞或概念需要刪除？

哪些字詞或概念感覺必不可少？無論發生何事我也絕對不會刪掉的字詞或概念

有哪些？
最後，我是否覺得某個單一概念或主題顯得「特別」重要——可作為整個模型的基石或核心？

方便的話，可在下一頁空白處或利用電子練習簿把你剛形成的初步模型大致畫出來。只要來來回回多畫幾次便會習慣成自然，必要時可隨手畫出模型，用幾分鐘就能把模型講解清楚。為此，在下一章——**第五步驟：實踐**當中你會有機會把模型琢磨得更強大、更清晰。

利用以下空白處畫出你的模型。

第七章

Chapter Seven

第五步驟「實踐」——建構你的領導技巧

「一直做著自己現在在做的事，
就只能繼續造就現在的局面。」
—美國作家暨商人史蒂芬·柯維

藍圖流程

將領導力提升至新高度的六步驟

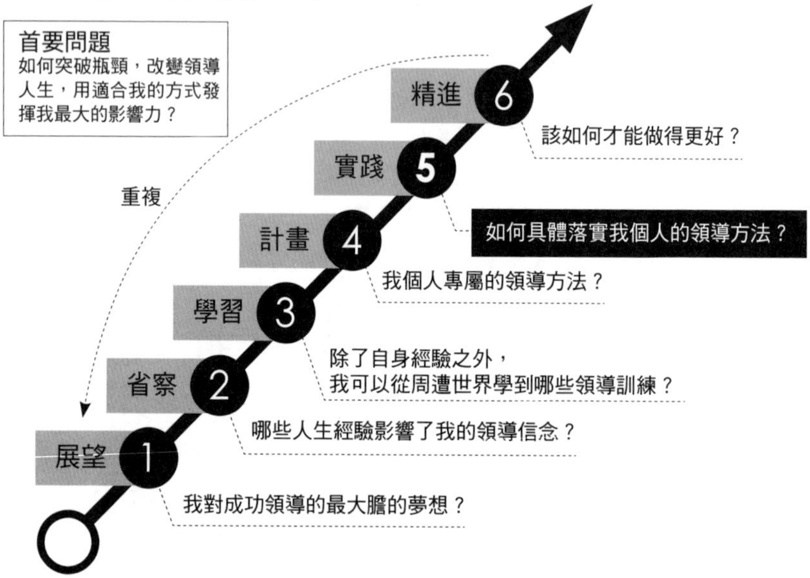
首要問題
如何突破瓶頸，改變領導人生，用適合我的方式發揮我最大的影響力？
重複
精進 6
該如何才能做得更好？
實踐 5
如何具體落實我個人的領導方法？
計畫 4
我個人專屬的領導方法？
學習 3
除了自身經驗之外，
我可以從周遭世界學到哪些領導訓練？
省察 2
哪些人生經驗影響了我的領導信念？
展望 1
我對成功領導的最大膽的夢想？

約翰．柯川（John Coltrane）享譽盛名，是上個世紀最有聲望的薩克斯風大師。即便對爵士樂不熟，通常也聽過他的大名，或至少覺得這個名字「很耳熟」。他錄製過一些最知名的暢銷爵士樂專輯，包括《藍色列車》（*Blue Train*）、《巨人的步伐》（*Giant Steps*）、《華麗人生》（*Lush Life*）和其他許多膾炙人口的作品。另外他還寫了一系列爵士練習曲，大多被視為同類型音樂中的翹楚。

柯川練習吹奏的習慣也遠近馳名。有人說他對練習十分痴狂，所以常常被妻子發現他睡著時懷裡還抱著薩克斯風，吹嘴就靠在臉旁。也有人說，柯川不惜花上十個小時也要把一個音符吹到完美。一般來講，他每天最起碼會花六至八小時練吹薩克斯風。不只如此，他鑽研樂理、錄音及爵士樂相關書籍，像著了魔般，這些都是為了加強練習成果的緣故。

柯川的練習方法最大的特色在於，他不僅僅只是重複練習，一直反覆練同樣的音階而已。他從爵士樂相關練習書籍、哲學汲取靈感，再搭配自己對即興演奏與作曲所形成的一套「三主音」理論，不斷想出新方法挑戰自己。他給自己出新習題，跳脫典型的和聲結構與音調，試著以原創的音樂思維和表現方式達到更高境界。他持之以恆，突破常規，繼續往更臻完美的目標而去。我在本書一再強調人不可能達到完美境界，但是很多音樂方面的專家和作家會告訴你，完美對柯川來說彷彿是可以到達的距離。

「一萬小時」的神話

約翰．柯川的例子點出了練習這件事有一個很重要的課題，那就是光靠練習這個行動本身是不夠的，你必須用對方法。

有一種普遍的看法認為，人只要花一萬個小時練習就能專精任何學科，各位想必對這種觀念很熟悉。「一萬小時」的理論最初是由安德斯．艾瑞克森博士（Dr. K.

Anders Ericsson）提出，後來又因為麥爾坎・葛拉威爾（Malcolm Gladwell）在其著作《異數》（*Outliers*）中述及此概念到而廣為普及，並且在商業界一再傳誦。這是很好的概念，也是相當吸引人的標竿；它看起來是個理想境界，但卻是能達成的理想，可以鞭策我們努力朝目標前進。不過，這其中有一個問題；直接端出一個數字來指明用多少時間即可專精某一件事，無異於再次肯定了凡事只需賣力去做便可學有專精這個雖然討喜卻又有誤導之嫌的觀念。人對於卓越的追求因此被標準化，也遭到過度簡化。一萬小時的法則充其量來講，只有一部分是正確的。

光靠練習並不足以提升我們的表現，必須特別重視練習的「方法」及我們在追尋目標時所抱持的態度。麥可・喬丹（Michael Jordan）曾說過這段名言：「你是可以一天花八小時練習投籃，但如果用錯技巧，你也只會變得更擅長用錯誤的方式投籃而已。」又好比一個滿腔熱血、準備好好鍛鍊身體的人，他鬥志高昂，天天上健身房報到，但不曾花時間去瞭解自己適合哪種方式，也不追蹤進度或分析哪些做法有效或無效。倘若繼續用不合適的方式健身，不把例行訓練菜單做一些變化，那麼無論投入多少時間健身，都不可能會進步。這樣的人是下了一番功夫去努力沒錯，但沒有用對的方法去努力。換言之，辛辛苦苦也只是徒勞罷了。

精熟模式

此番原則也適用於領導力的練習。我支持領導力「精熟模式」；我明白領導不只是一種工作而已，想要在領導方面有傑出表現，就像任何藝術形式一樣，你必須將領導視為一門技藝。換言之，你必須刻意鍛鍊它，專注於練習，並且不斷求進步。或許這個道理顯而易見到常常被忽略，但你若真心希望自己擅長領導，就得實地去練習領導這門技藝。

要做到充分練習，就不能只是反覆做一樣的事情。**練習過程中雖然有時候的確需要多次重複，但光是重複並不能算是練習；換言之，重複與練習是兩碼子事。**假如你沒有任何目標地重複做著某個行為，也不去檢討此行為有多大成效，那麼這種練習恐怕會適得其反。

若想獲得真正的成效，就需要調整練習方法，讓你能夠感受到自己的領導技藝有深刻的進步。就像約翰．柯川從不自滿，總是一再嘗試以新方法來鍛鍊自己那樣，你也必須致力於用正確的方式投入練習。

刻意練習

才華洋溢的人無所不在。也許你在率領團隊、分析數據、招募人才、行銷、設計或公關方面有過人本事，但天生的本領也只能帶你走到這一步。傑夫．柯文（Geoff Colvin）在其著作《我比別人更認真》（*Talent Is Overrated*）中提醒大家，光是有天生才能與經驗並不代表我們就一定能出類拔萃。用對的方法去努力才能從平凡中造就非凡，而對的方法是指柯文所說的**刻意練習**，並非機械式的重複動作。做這種刻意練習為的是把良好意圖變成你內化的習慣。

刻意練習需要全心投入再加上靈活應用，意即你必須隨時調整領導方法，而這套方法除了應該經過縝密計算與深思熟慮之外，也要能拆解成可加以控管的小步驟。在刻意練習的過程中，偶爾會碰到麻煩，請別輕言放棄，繼續堅持下去。換個方式來講，刻意練習有時候會讓你覺得特別辛苦，但若是對領導懷抱熱情，你就能挺住，因為領導熱忱會帶領你衝破難關。因此，請先確認自己已經「下定決心」，並將以下刻意練習的原則銘記在心，幫助自己突破瓶頸，這便是從優秀蛻變成卓越的祕訣。

刻意練習的原則如下：

明確具體

你必須清楚界定大小目標，才能刻意練習，若是可以找教練或夥伴一起把需要專攻的區塊抓出來會更好。刻意練習是很花腦筋的事情，所以練習時務必抱著一心想提升領導表現的決心。把想要特別處理的層面找出來，例如說你希望自己可以多傾聽他人的想法，然後專門針對這部分的領導能力做處理。接下來要做的便是找到具體明確的實踐做法，對準你的目標練習。

花時間重複去做

雖然有極為特殊又少見的例外，但經驗基本上是無可取代的。不管你想提升哪個層面，都必須花時間，甚至是數年歲月，練習才會有成效，這便是一萬小時法則有一部分發揮正確效用的地方。經年累月地把你從《領導力藍圖》所學到的要領應用於日常的點點滴滴和互動當中，也是建構地基時必須要做的事情之一。

需要回饋意見

想變得更厲害，就必須以銳利的目光審視自己的進展，徵詢同儕與導師的意見回饋，據此做出調整。找出一個可控管的評估機制與回饋迴路，有利於你調整並改善努力的方向，如此才能有效的刻意學習。

自我要求

領導能力愈好，看起來會愈輕鬆。但練習時若總是一副得心應手的模樣，恐怕就不是有效的練習。就像頂尖運動選手必須用重訓操練自己，刺激身體發揮超凡本領一樣，領導者有時候也應該讓自己置身在充滿挑戰的情況，來磨練領導技藝。若希望在日常生活中能有機會做這種練習，也許你偶爾應該想辦法去做更困難的任務，趁此機會擴充能力，跨出自己的舒適圈。例如你可以下一番功夫好好去研究某個棘手的策略問題，或把全副精神拿去搞定麻煩的談判事宜。只要有心鞭策自己，不用擔心找不到機會。

建立實踐做法寶庫

現在練習這個「動詞」的重要性已經確立了；你體認到練習在自己的領導旅程中扮演著不可或缺的角色，也明白了練習與重複是有差別的。

接下來要做的便是組建你的高效練習做法寶庫。好消息是，這個寶庫你已經完成了一半！現在只要繼續秉持《領導力藍圖》的小步驟精神，再做以下兩件事即可：

- 把領導模型的重點實踐區塊做精修調整。
- 針對模型的每一個區塊各指定一種實踐做法，讓模型能付諸實現。

你的實踐做法寶庫最終會備有數十項可用來落實模型的作為與行動。隨著你在人生道路上向前邁進，你會持續為寶庫補充做法，並且也會愈來愈樂在其中。以我個人來說，我的寶庫到現在都還經常有新的做法加入。不過就現階段來講，你的每個區塊就只需一個實踐做法即可。這樣看起來其實還滿輕鬆的，對吧？

著手進行前，先參考你在前幾個步驟所做的功課。首先要看的是你在學習步驟完成的「卓越隨行者名單」和「領導的模範與地雷行為」練習活動。在此幫各位回復一下記憶；你在這些活動中思考了最令人不敢苟同的領導者通常有哪些行為，例如不聽他人想法、犯了嚴重失誤或亂發脾氣等，然後你把這些事情寫了下來，變成一張地雷行為清單。另外，你也省思了生平遇過最優秀的領導者及隨行名單中的領導者所展現的作為，例如重視他人意見、設定高標準、全心全意支持良好工作環境和公開讚揚優異的工作表現，接著你又把這些行為記錄成模範行為清單。

各位猜到了吧？你抓出的模範與地雷行為現在正好可以刺激靈感，奠定你的實踐做法。參考這些行為，你的做法寶庫馬上就有一系列行動可以作為材料。

挑選重點實踐區塊

重點實踐區塊是指領導模型最終塵埃落定的大綱主題，這幾個主題應該是由先前收集到的類群發展而成。這些區塊代表你的成功領導計畫最重要的環節，把身為領導者的你最重視的東西勾勒出來，同時也展現你的領導標準。

我個人的領導模型最終就是以**尊敬他人**、**激發信任**、**確立崇高使命**、**創造方向**、**促進向心力**、**注入活力**、**卓越執行及產生非凡成效**這八大實踐區塊所組成。重點實踐區塊的多寡因人而異。

戴瑞爾．布魯斯特（Daryl Brewster）是我的朋友兼同事，同時也是CECP執行長。他備有幾個領導模型，其中一個模型的實踐區塊由三個M組成，分別是**里程碑**（milestone）、**指標**（metric）和**動力**（motivation）。

鮑伯．麥當勞（Bob McDonald）是寶僑公司（Procter & Gamble）已退休的董事長、總經理和執行長，也是美國退伍軍人事務部前任部長，我將他的十項基本信念視為實踐區塊。鮑伯用較長的文句來描述基本信念，例如他的前三項信念是這樣寫的：

一、在使命的驅使下過日子會比漫無目的周轉於人生更有意義、收穫也會更多。

二、必須先把公司經營好才能行善於社會，但也必須行善於社會才能把公司經營好。

三、人人都想成功，而成功是會傳染的。

你的區塊跟上述例子也許很類似，又或者截然不同。但無論如何，現在是時候把你的實踐區塊找出來了。

把你寫下的模範與地雷行為做個對照，初步勾勒出領導模型。
哪些實踐做法可以跟哪些類群搭配？
如何縮減類群或以實踐做法為基底來擴充類群？
若換成另一種視角來觀察，你想把哪些關鍵元素加進去？

回答上述問題之後，再重新審視你的原型，然後準備挑出領導模型的重點實踐區塊並加以琢磨。

挑選實踐做法

現在請為模型的每一個重點實踐區塊各挑選一項做法。接下來我會以自己的模型為例講解，希望能幫助各位領會應該要從何處下手。

我個人的領導模型中有一個叫做「注入活力」的區塊，針對此區塊我採用的實踐做法是寫親筆感謝函。此做法之所以有益於注入活力，是因為感謝函可以顯示出我注意到他人的付出，且不但感激他們的努力與表現，也十分賞識他們。我愈是尊敬他們，他們反倒愈尊敬我，如此一來會造就出一個更有活力、員工敬業度高的企業。

各位有沒有發現這種做法非常符合本章先前探討過的原則呢？舉例來說，親筆感謝函**明確具體**，是一種實在的行動，而非「欣賞他人」那種比較廣泛的概念。

它是可以**重複去做**的行動。

它也是**需要特別花心思**和注意力的活動。

我的感謝函不會有陳腔濫調，全都是我為了感謝他人所做的特定貢獻所精心撰寫而成。

這些感謝函可以一直**來回琢磨**，也需要**回饋意見**的指引。我寫了感謝函之後會先擱在一旁，然後找機會重讀一遍，再三斟酌內容以確保能打中對方的心。有時候我甚至會將感謝函的內容講給助理聽，徵詢其他意見。我對此實踐做法愈是投入，感謝函就愈寫愈好。

從我的例子可以看到，各位挑選的實踐做法都應具備以下條件：

- 明確具體
- 可重複去做
- 需要特別花心思
- 來回琢磨（需要回饋意見）

我再舉另一個例子。南西・齊樂芙（Nancy Killefer）是麥肯錫的退休資深顧問，她在顧問界與政府部門有顯赫的職涯閱歷。南西生性外向，她覺得自己以往盛氣凌人，跟別人對話時往往說得多聽得少，因此她希望把聆聽技巧磨練得更好。她想出了一個大有幫助的做法，那就是把雙手壓在臀部下面。因為她知道自己會邊講邊用手勢，所以她練習限制雙手的行動，好讓自己意識到那股忍不住想插嘴的衝動（而這股衝動自然是從雙手開始）。當她意識到想插嘴的衝動時，就會停下來，改讓對方發言，並且在必要時才引導對話。

南西的戰術十分具體明確又富有成效，她也因此變得很健談，這一點又使她在工作上的表現更為出色。顧問的工作就是解決問題，若要深入瞭解問題的癥結點，則需要更深層的好奇心與聆聽技巧。倘若你今天有機會跟南西談話，你會發現她話語間善於詢問且用字遣詞精準。她不會打斷你說話，並且會看狀況讓對話留白；她這種意念已經養成一種習慣。

最後一個例子要介紹的是自律又意圖強大的主管朵琳．萊特（Doreen Wright），我延攬她到金寶湯擔任資訊長一職。朵琳有感於自己肩負的責任範圍龐大，若不設法減輕負荷，做起事情來恐怕會膽戰心驚。於是她開始實施每天都要先理出事情輕重緩急的做法，確保自己能按部就班照計畫來執行任務。她利用通勤上班的時間先抓出當天最重要的三件事情，這三件事情必須完成才有利於她達成自己的目標與期望。到了下班時間，她在開車回家的路上會刻意檢討自己在落實這三件事情的成效。此舉有助於她將注意力放在最要緊的事情上面，也能確保最迫切的事項一定會有進展。即使有時候待辦的事項格外龐雜，這種簡單的做法卻讓她的工作能夠井然有序、維持在正軌上，執行成效斐然。

接下來輪到你上場了。憑記憶找出具體的行動，利用以下空白處或電子練習簿，替你發展中領導模型的每個重點區塊各提出一個確切可行的實踐做法。最後你差不多會寫下三至十項做法。舉個例子來說，假設有一個區塊是「高標準」，那麼你說不定會想到某種很容易複製的做法，此做法可以激勵他人做得更好又不至於失去熱忱——例如要求他們把討論過的重要事項再用自己的話語重述一遍，幫助他們加強掌握接下來的行動。

若是某一個區塊叫做「人際關係」或「建立人脈」，那麼在公司之外的場所舉行非正式會議也許就很適合作為實踐此區塊的做法。

又假設「溝通」是重點區塊之一，那麼與之搭配的實踐做法便是用可控管的方式來明確陳述你的期望。

請務必確認這個階段所挑選的實踐做法適用於你的生活，而且夠簡單又能做得到——「兼顧」理想與實際——否則此步驟就無法與你的地基有密切連結。

寫下領導模型各個重點區塊的實踐做法。

你找出來的實踐做法不但對你大有裨益，也會將你置於正確軌道之上，促使你在日後更多的領導場合當中展現最棒的自我。而這才只是開始而已；我會在接下來章節分享更多經過實證的做法，供各位仿效及（或）刺激你的靈感，幫助你擴充自己的做法寶庫。

不過，現在先從你剛剛腦力激盪出來的做法中，挑出二或三項可立刻專攻的項目，然後再進行到下一步驟。請從你羅列的實踐做法裡挑出最容易控管與執行的項目，也就是你可以立即著手、後續幾週的生活型態不必因此調整的做法。之後你還是可以隨時補充其他做法。

寫出接下來三週要實踐的做法，每一週各挑一個，先從最簡單的寫起。然後再進行到下一章。

第一週的實踐做法：

第二週的實踐做法：

第三週的實踐做法：

第八章

Chapter Eight

第六步驟「精進」——加強地基

「人生的成長取決於你對它的投資。」
—Salesforce 執行長馬克·貝尼奧夫（Marc Benioff）

藍圖流程

將領導力提升至新高度的六步驟

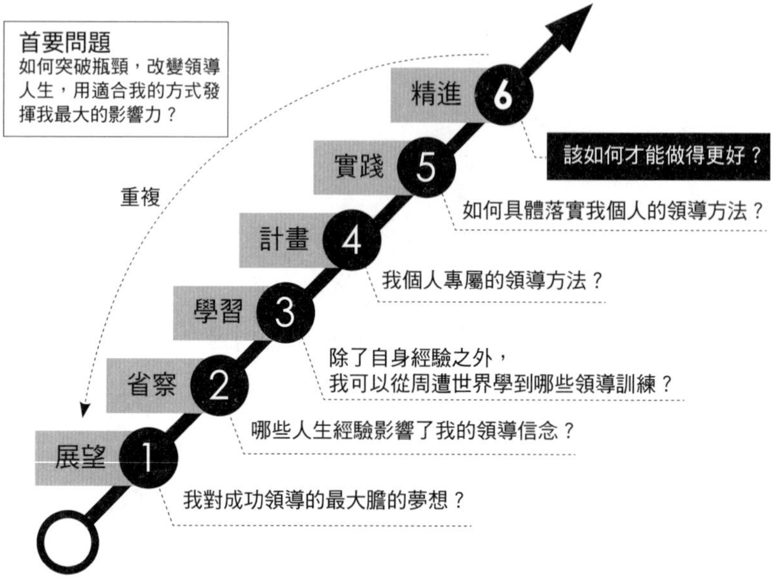
首要問題
如何突破瓶頸，改變領導人生，用適合我的方式發揮我最大的影響力？
重複
精進 6
該如何才能做得更好？
實踐 5
如何具體落實我個人的領導方法？
計畫 4
我個人專屬的領導方法？
學習 3
除了自身經驗之外，我可以從周遭世界學到哪些領導訓練？
省察 2
哪些人生經驗影響了我的領導信念？
展望 1
我對成功領導的最大膽的夢想？

蕾妮．佐克（Renee Zaugg）是HALI最傑出的學生之一，於擔任安泰（Aetna）企業基礎設施暨雲端服務部副總一職時到我們學院上課。她沒念過大學，也沒有受過正式的訓練，卻是一位卓有成效的技術領導者，掌管十億美元預算和四千名員工的靈活團隊。蕾妮為安泰效勞超過三十七載，最初是在資料中心輪夜班做起，就這樣一路堅持不懈地從企業最基層爬升到高層領導職位，而做到高層之後也依然找尋各種學習的機會幫助自己成長。在這段從基層走到副總職位的過程當中，蕾妮總是警惕自己想方設法求進步，像海綿一樣吸取各種教訓，嘗試去做一些冒險的事情，並受益於導師與倡議者的指點。

因此，當老闆寫了一封文情並茂的推薦

信，讓蕾妮能到 HALI 上課時，她欣喜若狂。未受過高等教育但又渴望成長的蕾妮，直覺認定這就是讓自己進步千載難逢的好機會。不過，來到學院上課之後，她原本雀躍不已的心情轉成焦慮惶恐，因為面對著其他資歷雄厚、大有來頭的同學們，她內心有一個揮之不去的聲音，告訴她「你力有未逮」。

我們在 HALI 及 ConantLeadership 新訓營的課程中會有一個做法，讓學員結伴學習，如此一來同組學員就可以相互合作提升技巧，建立他們自己的領導模型。這種做法看似瘋狂，卻有它的道理。我們會斟酌考量每一位學員特有的經歷、技能與性情，判斷學員之間可以相互協助的程度，根據這些資訊為學員找合作搭檔。我們之所以幫學員配對夥伴，目的是希望他們能給夥伴最寶貴的意見回饋，藉此將所有學員的成長幅度擴張到最大。不過，蕾妮並不知道我們的用意。

所以當蕾妮來到她那一桌，看到搭檔的夥伴時，她感到驚訝（也十分驚慌），但絕對不是這些搭檔人不夠好，而是因為他們顯赫的頭銜與資歷。她沒有學位做後盾，但同桌夥伴卻與她形成鮮明的反差，他們的教育程度相對來講太高了。有一位男士擁有兩個麻省理工學院的博士學位，另一位則是受嚴格訓練的外科醫生，不但有好幾個高級學位，也服務於數個董事會。她有格格不入的感覺。蕾妮對自己的批評最是嚴厲，她腦海裡有一個小小的聲音不斷地說她不夠好、不屬於那裡，這讓她很洩氣。（每一位領導者偶爾都會聽到這種小聲音，無論他們成就有多高。）

我看得出來蕾妮有煩惱，於是我跟她邊走邊談。離開其他組員之後，她向我吐露心聲。「道格，我在這裡實在太遜了，大輸特輸。」我疑惑地問她怎麼會有這種想法，畢竟她是受到極力推薦來此上課、成功的資深領導者。「那個，」她說道：「我沒念過大學。」我聽了很驚訝回答：「蕾妮，難道你沒看到自己為組織繳出的成績嗎？誰會在乎你有沒有上過大學？你的資歷都可以『教』大學生了！」一聽到我這幾句話，她忍不住熱淚盈眶，因為從來沒有人對她說過這種話。我又繼續說道：「我們不是因為你需要學些什麼，所以才把你跟那些高學歷的人湊在一起，之所以讓你們變成搭檔，是因為他們需要向你學習。」

現在回想起來，蕾妮認為當時那一刻對她而言是個轉捩點。我當時之所以說那些話，是因為那些話完全是事實，而不是因為她需要或很想聽別人這樣對她說的緣故。看過蕾妮的基本資料之後，我們就明白她求進步的取向會對她的職涯發展大有裨益。從另一個角度來看，來自學術界的學員雖然教育程度高又學歷驚人，但說起來他們的路線有點落入窠臼（這一點或許違背了一般人的想像）。我鼓勵蕾妮：「試試看，我知道你做得到。」

經過我這一番臨時起意的精神對話之後，蕾妮對整個流程有了如魚得水的好感。她敞開雙臂接納省察活動，想出一套效果卓著的實踐做法，設計了自己的領導模型並仔細琢磨，然後把學到的所有技巧應用於公司，持續發揚光大。最後，蕾妮又進而向安泰一百三十人的主管群介紹她的領導模型（那一天我和一起在HALI教學的梅特都十分驕傲地坐在觀眾席上聆聽）。除此之外，蕾妮力倡學習途徑的重要性，所以把省察和各種有助於進步的練習活動都傳授給底下團隊。她從HALI的挑戰得到啟發，致力於獲取有別於以往的新經驗，因此她現在也是微軟（Microsoft）和威訊無線公司（Verizon）的諮詢委員會成員。她接下來的發展更是錦上添花，從那時起她就在麻省理工學院教書。另外，最近安泰與CVS藥局（CVS pharmacy）合併之後，蕾妮又被擢升為資深副總，負責CVS和安泰的IT基礎設施，此次升職她當之無愧。（後來蕾妮正是從這個職位退休。）

蕾妮的故事透露的最重要訊息是什麼？像蕾妮這一類的頂尖領導者自始自終都在學習、進步並鞭策自己跨出舒適圈。想要變得更厲害、想要變成你想成為的那種領導者，唯一的方法就是致力於學習及追求成長。一個人即便擁有高學歷或在職涯中達到某個里程碑，未必就表示他具備成長型思維或樂於學習的素質，也未必表示這種人就比你更有能力或應該得到更多機會。

無論你的背景、教育程度或這一路走來經歷過什麼，只要你能隨時把握機會挑戰自我，這個世界必定會回報你，讓你在不斷「蛻變」、無限向前邁進的旅程中一展抱負。有些人覺得自己什麼都會了，不必再學習，但有些人卻明白學無止盡的道理，而這種人終其一生都能成長茁壯，不斷蛻變，就像蕾妮一樣。

不成長就等死

商業界的變化飛快，競爭猛烈又毫不留情。今天的萬靈丹到了明日可能已經過時；這一週的創新之舉到了下一週便了無新意。頂尖的領導者與組織之所以瞭解不成長就等死的道理，原因便在於此。這是一個物競天擇的世界，競爭激烈、冷酷無情，壓力沒有休止的一天。你該如何與時俱進？如果不跟著進化，就只能漸漸衰敗，等著被淘汰。〔從百視達（Blockbuster）或西爾斯百貨公司（Sears）的命運就可以看到，無法調整腳步跟上商業界的技術革新會落入何種下場，各位千萬別讓自己陷入類似處境。」

身為領導者的你多虧了各種利害關係人，才有辦法用上寶庫裡的每一樣工具，讓自己保持活力與競爭力，克服逆境、追求成長茁壯，並且實現經得起時間考驗的高績效。為了因應當今商業界的種種挑戰，你需要一種隨時可以調整的領導方法，靈活面對各種變化。當企業界想方設法用更快的速度因應顧客的需求，努力做得更好、做得更全面時，擺在領導者面前的商業風景是不講任何情面的。要不就是做好調適、搶佔先機，要不就是在推進的壓力下被碾碎、退場離去，不可能在夾縫中求生存。

幸運的是，現實雖然嚴酷但無須因此灰心喪志。我倒覺得這種情況有它的啟發性，因為認清局勢反而能鞭策我們使出渾身解數，磨練自己的技能，深入瞭解如何與這個世界相處。

不過，既然商業界的種種要求需要用靈活度來面對，我們就必須為自己的領導作風添加持續追求成長的特質，藍圖的第六步驟正是專為此而設計。秉持持續進步的精神，可以幫助你適應環境、自我成長，即使當今世界的局勢千變萬化，你也一定是最能順應面對之人。

成長型思維

上一章談到領導是一門需要精熟的技藝，就像繪畫、舞蹈或工程一樣，藍圖有許多步驟正是以此概念為基礎。你已經做過學習、計畫和實踐，這些都是達到精熟境界必經的基本步驟。第六步驟會帶領各位逐步瞭解有助於持續進步的思維。

首先，你必須內化的是**成長型思維**。什麼是「成長型思維」呢？這個詞彙是由研究人員兼心理學家卡羅．德威克（Carol Dweck）所創造。簡單來講，具備成長型思維的人認為智力可以培養與增強，他們基本上相信能力是可以變強的。這個概念與固定型思維恰恰相反；固定型思維比較保守，他們認為智力固定不變，無法擴充或進步。德威克的研究顯示，成長型思維的人因為相信能力可以進步，本能以為努力就會有正面改變，所以往往會投入更多心血，自然也達成較多成就。反觀固定型思維的人，由於他們認為自己的能力無論如何都不會增減，故而看不到努力這個環節，導致他們避免挑戰，成就自然也比較少。

這其中的奧祕是什麼呢？光是相信自己的能力可以進步這個信念，通常這就會成為自我應驗的預言。換言之，**認為自己可以變得更好的人往往真的就會變得更好**。只要體認進步是可能做到的，你便往前邁進了一步。這種思維的力量可以應用在各種層面上。

凱羅．格拉澤（Carol Glazer）是美國全國殘疾人組織（National Organization on Disability, NOD）主席，這個非營利性組織以提升美國五千七百萬殘疾人士的就業機會為宗旨。凱羅是一位充滿熱忱的領導者，把整個職涯都拿來為社會正義奮鬥。今天她有這樣的成果並非光靠熱忱的驅策，而這一切都是因為「堅信」，她從不曾懷疑自己有改變世界、發揮影響力的緣故。凱羅始終相信自己能夠成為改變的代言人，這是她這輩子自我應驗的預言：她把領導力發揮在自己關注的領域上，即公民權利和社會正義等層面，雖然碰到周遭世界諸多的阻礙與抵制，尤其是為殘疾人士奔走疾呼時。這個社群來自於社會各種身分與背景，卻甚少在國家論述公民與職場權利的對話中得到關注——但依然能創造顛覆性改革。她以積極行事的思維，致力於提供更好的服務，提升NOD緊急任務的能見度。

迫切的問題

若要落實第六步驟的課題，將成長型思維內化在心中，就必須把**我如何才能做得更好**這個迫切問題擺在第一位。

那些在自己的領域有卓越表現的人，從貝多芬、波提且利（Botticelli）到碧昂絲（Beyonce）等，也都用這個問題作為他們的北極星*。這就是精進，雖然是藍圖的最終步驟，但其實又是一種跳板的原因，因為它可以將你往回推，讓你反覆磨練，把自己變得更好。換個角度來看，重複進行藍圖旅程的這個行動本身就是一個步驟；它提醒了你，你的旅程沒有終止的一天，想真正達到精熟境界就必須不斷求進步。

*北極星是指最靠近北天極的恆星，是天體觀察時辨別方向的重要指標，此處延伸表示具指引方向。

第一步

邁向精熟的第一步就是回過頭來再走一遍藍圖的前五個步驟，看看這五步驟是否禁得起放大鏡檢視。針對前五個問題，是否有更好的答案？你是否已盡全力挖鑿出所有洞見？你的初步領導方法合不合邏輯？哪些部分可以改變或重做？哪些部分需要修補？重新檢討你到目前為止在這裡、電子練習簿或其他地方所寫的東西，然後問自己以下幾個與前五步驟相關的問題：

一、展望：我最大膽的成功領導之夢是什麼？
二、省察：哪些人生經驗影響我的領導信念？
三、學習：我可以從周遭世界學到領導的哪些經驗？
四、計畫：我個人的領導方法是什麼模樣？
五、實踐：我如何落實自己的領導方法？

誠實面對自己：

無論用「腦」還是用「心」的角度來看，你的地基是否都禁得起檢驗？這個地基是否真正反映出你想成為的那種領導者？
當你檢討完，並且對地基的狀態很有自信，那就表示接下來應該要更深入一點，特別著重在附加價值上。

附加價值

蘇珊．坎恩（Susan Cain）是安靜革命（Quiet Revolution）公司執行長，著有顛覆性的作品《安靜，就是力量》（*Quiet: The Power of Introverts in a World That Can't Stop Talking*，是我本人的愛書之一），她觀察到建立人脈對許多內向的人來說是一件挺不自在的事情。雖然這是概括性的說法，不過內向的人大概寧可跟東西說話，也不喜歡攪和在客套膚淺的寒暄裡。如何把建立人脈這件事變得愉快（對每個人而言，不特別針對內向的人），蘇珊提供的一個祕訣，把全副心思都放在附加價值上。她這項建議使建立人脈跳脫了狹隘的定義，轉而擴及領導人生的各個層面。換言之，只要附加的價值愈多，你跟人的互動就變得更實在，因為你總是能言之有物，遠勝那些只有表面層次、沒有價值可言的內容。那麼，該如何做才能附加價值呢？想必你已經猜到——以精熟為目標，用此視角鍛鍊你的技巧就能辦到。蘇珊給內向的人以下建議：挑一件你很在乎的事情，讓自己沉浸其中，不斷努力求進步，那麼無論風勢把你帶往何處，你都能附加歷久不衰的價值。這項建議，其實適用於各種性情的人。

需要進步的區塊

不妨效法蘇珊，著眼於附加不斷擴大的價值，這樣一來你便完成了有助於你走完藍圖初次旅程的練習。接著要做的就是找出需要成長的特定區塊，並且為這些區塊制訂精進計畫。

請審視你到目前為止所做的功課，**仔細思考自己最在乎的三件事**。你必須對挑出來的三件事充滿熱忱，唯有如此才會有努力求進步的動機。

請容我在此做一點澄清，因為我在這個環節上會出現一些常見的誤解：各位最好別挑你想試著「改正」的缺點作為需要進步的區塊。我發現大多數情況，此路是行不通的，最後多半會以失望收場，白白浪費時間。改正缺點這種事即便並非不可能，但也十分難做到。明智地控管較弱的地方（或動用其他資源、夥伴或同事來彌補這些缺口），一邊培養自己的長處，這才是我們能力所及之事。

領導精進計畫

挑選三個可以善用你長處的區塊；也就是說，這些區塊不會讓你有挫折感或精疲力竭，而是能讓你做自己擅長的事情，用從中獲得的喜悅追求進步。

想一想——什麼啟發了你？

回想藍圖的第一步驟：展望，你最大膽的成功領導之夢？

讓那個畫面停留在腦海裡，並仔細思索：應該改進哪些地方才能抵達那個目標？例如你應該設法進入董事會，拿到管理職權，用新方法來施展才能，又或者你應該透過外派的機會增進對他國文化的認識。又例如說，你的人脈本來就很廣，但現在你想加以深化，所以想為此構思行動計畫。

寫下你想改進的三個區塊，並針對這些區塊各擬定一個接下來三十天要執行的行動，以便達到精進該區塊的目標。

以下是精進計畫的範例寫法：

區塊：加強團隊士氣

行動：在接下來的一個月內，設法於非正式場地舉辦至少一到三場會議，不管是公司外的場所或到戶外邊走邊談皆可。

現在換你試試看。

區塊：

行動：

區塊：

行動：

區塊：

行動：

各位會發現，這種持續精進的做法不但能強化你本身的貢獻能力，還會擴及到你接觸的每一個人身上。你的成長型思維像是會傳染般散播出去，影響你的組織、同事、家人和朋友。

第九章

Chapter nine

合而為一——五日行動計畫

「若是沒有持續的成長及進步，
那麼改善、成就和成功這些字眼也都毫無意義。」

—美國開國元勳班傑明．富蘭克林（Benjamin Franklin）

你辦到了，盡情讚美自己吧！你已經走過藍圖的初次旅程，有沒有感覺到地基增強了呢？接下來要進行的是「合而為一」，將改良過的新領導方法對準組織的期望。若想真正達成領導目標，你就必須學習把藍圖所提供的種種訣竅跟公司文化或你所運作的典範做法相互融合，為你和公司實現價值。

為此，本章會花一點時間幫各位把到目前為止所做的功課統整起來，並傳授五日行動計畫，好讓你能盡快啟程。雖然這會是一條要走一輩子但又歷久不衰的旅途，不過想必你聽到這一點一定會樂不可支——有些行動只要馬上去做，就能讓你開始對這個世界發揮影響力。

反覆體會

精進步驟讓各位有機會重新回顧地基，檢討地基是否禁得起放大鏡的考驗。若要將所有的要領都吸收、真正擁有自己的地基，你會發現這輩子必須找到適合自己的方式，一再回過頭來檢討這六步驟。我建議各位讀完本書後的頭三個月，每個月都要回顧一次六步驟，鞏固整個流程，之後至少每三個月要回顧一次，如此才能建立持續求進步的習慣。當然，回顧的頻率還是得配合你忙碌的生活，也許你會一次抽離好幾個月的時間，不過地基會一直等待你的回歸。這不是「一次完成」就能馬上實現領導夢想的途徑；畢竟人生也不是這樣運作的。

動力增強

每一次操作藍圖流程時都會更容易一些，你在地基上扎的根會更深入，而你的領導力也會加倍提升；這個流程永無止盡。倘若你又陷入了領導（或人生）的瓶頸，只要記住這一點：解決之道就是進化。這時請退回到藍圖的世界，把你的自我挖鑿出來。這個流程會一直守在那裡，等著協助你、支援你。

二〇一六年，ConantLeadership 在重新調整使命宣言之際，我就從這個流程得到了好處。當時我重新做一遍六步驟，結果發現「激發信任」應該置於核心作為基柱，用來凝聚其他組件才對，不適合放在重點區塊。又不久前，也就是撰寫這本書的期間，我發現把「尊敬他人」這個概念插入模型的核心，可以使模型更加強大又真實。這趟藍圖之旅實在令人振奮，而且會永遠持續下去。

檢核清單

到目前為止，我們來看看各位在短時間之內做到了什麼程度。請利用下列的檢核清單確認你的地基組件已經齊備。

你做完六步驟之後應該很有信心，因為你紮紮實實掌握了自己獨特的個性、動機、性情、價值觀、領導信念和技巧。

你的地基應當具備的重要組件如下：

- 領導使命
- 領導信念
- 領導模型
- 領導實踐做法寶庫
- 領導精進計畫

第一天
稽核
領導期望
第二天
把初步的思維
與途徑跟別人
分享
第三天
專注於
實踐單一做法
第四天
手寫一份
筆記給自己
第五天
寫日記：事情
經過如何？

五日行動計畫

衷心希望各位已經開始感覺到在自己的地基上扎根，如此一來地基便會成為一個平台，讓你在忠於自我同時又能體現你所想成就的情況下，達成你的目標。在理想情況下，地基的每一個組件之間會相互搭配、協調有致。當所有組件合而為一時，應該要產生強大的力量，還能夠自我增強。

但到目前為止，這一直都是你私人的活動。如果想讓組織和周遭世界開始出現改變，你就必須捲起衣袖把藍圖之旅的好處付諸實現，別讓那些好處留在紙上談兵的世界。

第一天：稽核領導期望

現在你已經抓出適用於自己的領導地基，不過還得進一步將它活用在當前組織才行。稽核領導期望這個行動可以幫助你把地基的期望設定對準組織的要求；如果你希望善用自身領導力去影響他人並取得最高成效，這個步驟十分必要。

當你一邊思考以下提示問題時，若是可行又（或）適用，請一邊參考自己的職務內容、最近所做的績效檢討及組織對領導期望的方針。

提示問題

問題一：就你目前的職位來講，你個人期望完成哪三大事項？

問題二：在你領導之下的部屬會期望你實現哪三大事項？

問題三：你的組織對主管最重視的領導行為和特質是什麼？

問題四：哪三個部分你覺得最有信心能達到或超越績效期望？

問題五：如果可行的話，請把你在回顧自己的職務內容、績效檢討或領導期望方針時，腦海裡所浮現的任何其他重點或期望寫下來。

領導期望表單

個人領導模型的期望	組織的領導期望
1. 2. 3.	1. 2. 3.
共同期望	
1. 2.	

回答完以上的提示問題之後，稽核行動的最後一步就是填寫隨附的領導期望表單，或利用電子練習簿亦可，請至少填寫一項重要期望——最多不超過兩件——把地基與當前組織的外部期望相互連結。

第二天：把初步的思維與途徑跟別人分享

五日行動計畫是為了讓地基變得更具體有形而設計。這時若能開闢空間來探討領導，其實是頗有成效的做法，因為只有跟別人分享你個人的領導模型，才能獲得最即時的回饋意見，而且這個「別人」最好就是你工作場合中的其他人。不過在這個時機點上，你也許會覺得自己的模型還不成氣候，而行動計畫第二天的標題之所以用「思維與途徑」這些字眼，原因也在於此。即使你的模型尚未完備、還沒準備好呈現給外界，但走過這一趟流程想必能讓你用嶄新的視角來思考自己打算如何領導。

自我聲明

我有一個習慣可以快速又真誠地建立富有成效的職場關係，此做法稱為「自我聲明」，本書的第二部會有更多探討。自我聲明的前提就是別人沒有讀心術；換言之，你不能指望別人憑直覺知道你有何動機、瞭解你的想法或努力的目標，除非你直接告訴他們。

行動計畫的第二天會賦予你一個任務，請你找信任的同事，跟他分享你剛形成的初步思維與途徑，對他「自我聲明」。把「整套」地基從頭到尾講解給別人聽有點超出負荷，所以建議把解說重點放在藉由領導模型你想表達的事情，畢竟模型的設計就是嘗試用簡潔的方式表達出你想成為哪種領導者，因此由此切入十分適合。

格外要留意的是，初次跟別人分享你的途徑可能會令你覺得有些彆扭，但是這本書可以當作好藉口，你不妨這樣開場：「我剛看完一本講領導力的書，書名叫做《領導力藍圖》，這本書推薦我把新想法跟信任的同事分享，不知道你願不願意抽個空？我真的很重視你的意見。」

我有一組「自我聲明」的提示句型可以幫助你用自己的話來展開對話，或許會讓你覺得更自在一些。這些提示句型其實也是根據你在「稽核領導期望」所做的功課發展而來，所以搭配得恰到好處。

「自我聲明」提示句型

1 我剛看完一本講領導力的書，書名叫做《領導力藍圖》……

2 這本書要我跟信任的同事分享我對領導的新看法，不知道你可以抽個空嗎？我真的很重視你的意見。

3 我們的組織現在面對的情況是……

4 我們組織對領導的期望是……

5 我贊同那些期望，不過我也對自己和我們團隊有高度期望……

6 更確切來講，我的領導使命是……

7 我的領導信念是……

8 我設計了一個領導模型，幫助我更真誠又有效地發揮領導力，這個模型大概是……

9 我找出一些領導實踐做法，幫助我將想法付諸實現……

10 我十分期待你的回饋意見，請問你看法如何呢？

第三天：專注於實踐單一做法

你在第五步驟針對領導模型的每一個重點區塊各想出一個實踐做法，並挑出二、三項最容易上手、可立即在接下來數週執行的做法。不過在行動計畫第三天，我們要把這個做法拆成更小又漸進式的步驟，並且堅持僅使用單一做法，也就是說無論如何這一天你保證只用這個做法。請挑出一個你確定有機會在第三天實地執行的做法。

等你試用過這個做法至少一次之後，若時間允許的話不妨按照下列寫法做個記錄，你會發現這很有用處。

實踐紀錄

- 你確切做了哪些事情？你如何運用你的實踐做法？
- 你是在什麼情況下運用的？
- 事情經過如何？

第四天：手寫一份筆記給自己

在第四日，手寫一份筆記給自己（別用打字），三個月過你會重讀一次這份筆記。用手寫的方式可以讓你對內容有更深的連結，所以請務必親自手寫筆記。

透過這個練習活動，你可以把自己的想法組織成一份進展報告，以領導目標為基準來評估你的進展成效。筆記最好別超過兩頁，盡可能在五分鐘之內寫完，最多別超過十分鐘，如此才能保持思路的清晰敏銳。

回想一下你在前三天做過的事情，然後簡單扼要地回答以下三個問題：

- 哪些地方有效？
- 哪些地方無效？
- 接下來三個月我該如何做具體的改進？

寫完之後把筆記摺起來放入抽屜，然後在行事曆上做個記號提醒你三個月後回來看這份筆記。到那個時候，你一定會感到十分驚喜那強大又自豪的地基所造就出來的成果。

第五天：寫日記

現在你已經差不多花了整個週間的時間實際去應用地基，現在就來檢驗一下效果。這個部分不一定要親筆寫下，只需抽五分鐘時間按照下列提示問題把答案記錄下來即可。

日記提示問題

- 在本週你看到哪些立竿見影的效果？
- 到目前為止你是否一直忠於自己和自身信念，還是躊躇不前？
- 你的「實際行動」是否與領導模型保持一致？
- 你的途徑是否出現任何應該要特別注意的盲點？

向前邁進

走完初步的藍圖之旅，你已經正式啟程，開始過著自己一直想像的那種人生和領導生活。你也藉由五日行動計畫將六步驟旅程的成果，打造成耐用又相互串連的平台來達成你的目標，（如果可行的話）也幫助你著手將個人的領導風格與信念跟當前公司的文化與期望相互結合。比起個別組件的效果，整個地基的力量絕對強大得多，這一點請務必銘記在心。

駐足片刻，為自己達到的成就喝采吧！你走了很長的一段路來到這裡，現在已經做好準備，可以去執行你那振奮人心的人生暨領導計畫了。

然而，你的功課不算做完。你會在「不成長就等死」的精神之下繼續精修地基，並且一再回過頭來重新走一遍藍圖六步驟。幸好，每一次的回顧都會變得愈來愈容易，因為你已經做過最困難的部分，也表現得不錯。不過為了確保你可以用你所設計的地基培養出最優秀的自我，你還必須對恆久不變的領導原則有更深入的掌握。也因此，我很興奮能在接下來的「第二部：宣言」跟各位分享經久耐用的「有效領導」原則。

這些要領會讓你不斷深化的地基變得愈來愈強壯。

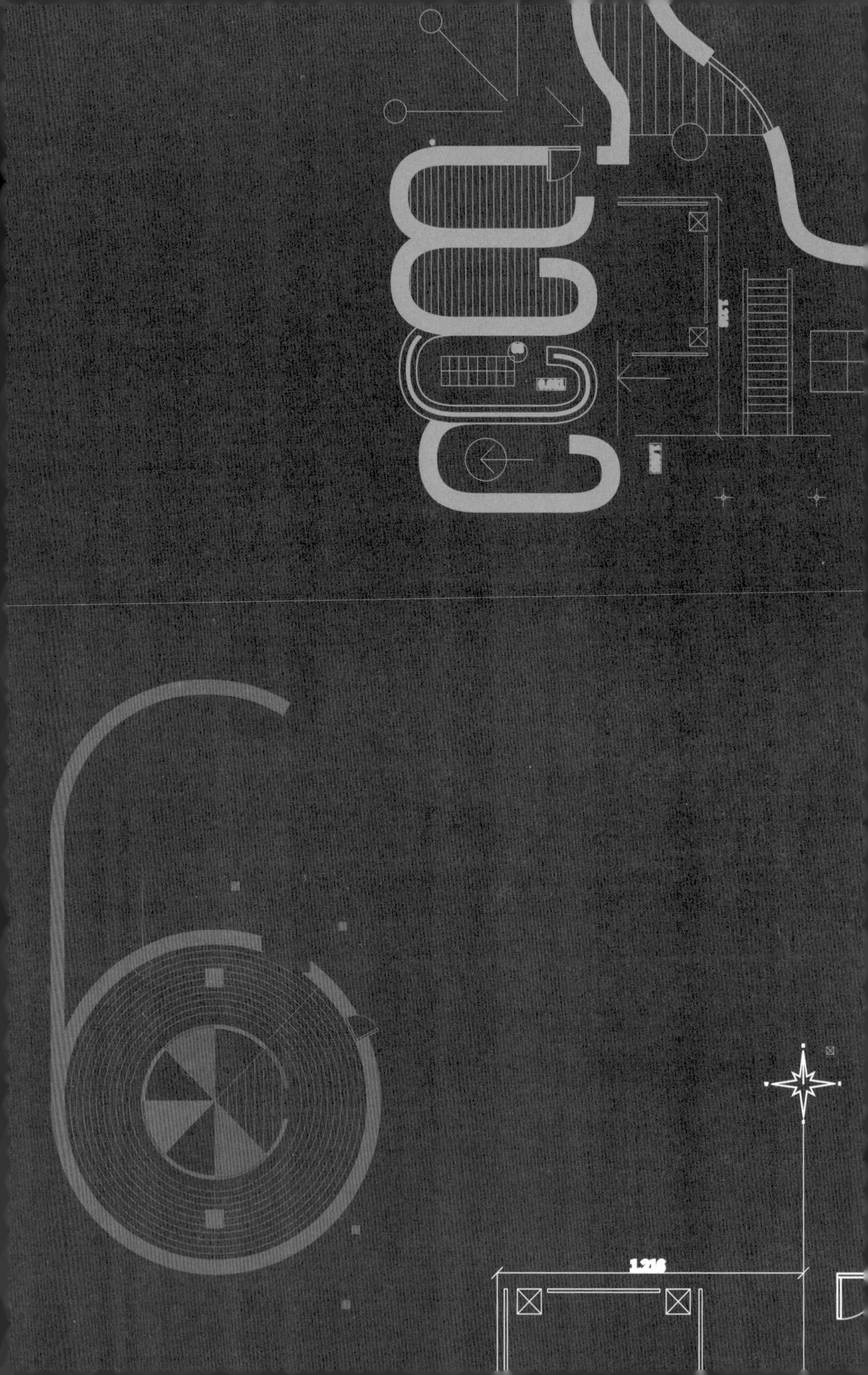
1.216

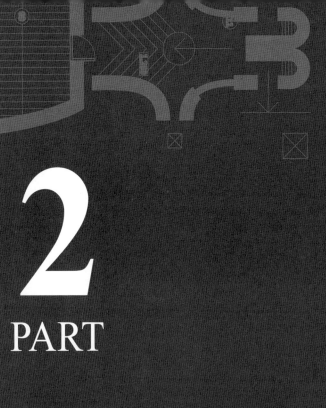

2
PART

宣言

擴大你的影響力

第十章

Chapter ten

有效領導——以人為本

「成功不是魔法也非神祕現象；
成功是持續應用基本原則的自然結果。」
—美國企業家吉姆 羅恩（Jim Rohn）

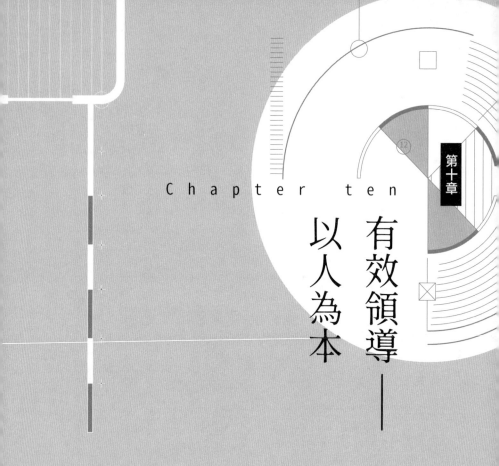

葛蘭特．奧赫茲（Grant Achatz）是當今最創新的主廚之一。若到他位在芝加哥的著名餐廳 Alinea 走一趟，你會體驗到實驗性劇場與精緻餐點相融的氛圍，既看得到白色桌巾的高雅，也能感受到一股赤子之心。奧赫茲最令人目眩神迷的招牌菜之一是一種可以食用的氣球，當這道甜品在如癡如醉的老顧客面前漂浮時，往往引來連連驚嘆。另一道大獲讚賞的招牌菜是扇貝料理，這道料理以柑橘噴霧裝飾，飄渺的水霧繚繞著餐點，宛如仙境一般。奧赫茲堪稱是現代主義烹調或「前衛派」烹飪界的先驅與專家，他贏得全世界的喝采，包括拿下好幾座詹姆斯比爾德獎（James Beard）、神聖的米其林三星評比（評鑑餐廳品質服務最有名望的全球性指標），另外他的餐廳也得過三次全美最佳餐廳首位的殊榮，並贏得全球最佳餐廳的美譽。

人人盛讚這位主廚有遠見，他在廚房發揮的創意打破了既有規則，往往造就出令人嘆為觀止的成果。美食作家、餐飲界和前來用餐的客人全都想知道：他有什麼祕訣，他打哪兒來的狂放不羈，竟然能將烹飪的創意拓展至如此出神入化的境界？那究竟是魔法、某種靈感泉源，還是與生俱來、並非人人都有的天賦所致？

答案其實稀鬆平常。奧赫茲解釋說：「大家都喜歡把發揮創意的過程想像得很浪漫，」然而「真相卻是……創意基本上就是努力工作加上認真學習的結果。」他並非一夕之間就有了超凡的大廚手藝，而是得先學習規則，才能打破規則，就跟大多數達到專業顛峰的人一樣。如今在他身上看起來像是第二天性的能力，實際上是經年累月認真磨練的成果。

奧赫茲的成長過程就是在餐廳裡做事。他父母在密西根州有一間餐廳，打從他會走路開始就沉浸在家族事業中，在廚房裡蹣跚學步。十幾歲時，他到美國烹飪學院就讀，精通烹飪的基礎原理。後來他又在一些世界頂尖的主廚手下工作多年，十分盡責。奧赫茲靠著耐心和堅持，把導師的知識都吸收進去，成了經典法式料理技術的專家。經過多年的密集訓練之後，他才能以主廚、藝術家、創新者的身分發聲。正是由於他有烹飪的基本原則作為堅實後盾，因而得以自由自在地重新想像美食的各種可能性。

各位或許會納悶，為什麼闡述「有效領導」的這一章要用主廚的故事做開場？這是因為烹飪藝術所適用的原則，同樣也可以運用在領導力上。

假如你的技藝——即領導他人的技巧——並未根植於基本原則之上，你就無法成為世界級的領導者。

本書的第二部分，也就是「宣言」，會根據我多年來在企業各個層級往上升遷時所採用的實務做法和學習，闡釋有效領導秉持哪些恆久不變的原則。雖然我介紹的這些原則是根據我身為領導力實踐者對此領域的個人經驗與觀察，不具學術理論或科學方法的嚴謹度，但幾乎所有最優質的領導力研究都支持我得到的結論。

到目前為止，《領導力藍圖》已經幫助各位找到專屬於自己的領導方法，將你牢牢固定在強大的地基之上，使你能以忠於自己的方式游刃有餘地因應你所碰到的各種挑戰。但光是這樣還不夠。不管誰是實踐者，深入掌握領導的真義及增強領導效益的恆久原則，才是助你實現領導之夢的最大後盾。就像奧赫茲和所有偉大的藝術、文學和商業創新者都必須先掌握技藝的基本原則，才能打破原則或更上一層樓，領導力的原理也是如此。

從基本原則發揚光大

一流的領導者汲汲營營於追求成長。他們往往具備積極正面的思維，甚至有時候會有點躁動（即使他們看起來從容不迫、有耐心又高雅）。這些領導者對於如何處理自己的工作及處世之道有一種迫切感，「總是」想知道：接下來是什麼？

這種頂尖領導者多半會閱讀、提問、探究，並且不停地尋覓下一個大創意或創新之舉。這也是好事一樁。鞭策著組織邁向大膽創新，把世界變得更美好的正是這股對嶄新構想的渴求。然而，當我們在追尋夢想與刺激並試圖效法這些領導者的同時，千萬別忽略了基礎——也就是領導的基本規範。

鶴立雞群的領導者之所以能夠隨時應變，帶著豐富的遠見與才能朝著未來的地平線飛奔而去，原因在於他們牢牢抓住了有效領導的不朽原則。

若想改造領導力，就必須掌握領導有哪些堅若磐石的基柱，不會因為時空、情勢或涉入其中的人員而有所改變。在此宣言之下，我很興奮能以自身的所見所聞和經驗為出發點，與各位分享「有效領導」大致的基本原則。

什麼是領導？

領導是一門影響他人往特定方向的藝術與科學。此定義雖適用於階層組織，但並不侷限於職場所講的階層，它同時也適合用在團隊工作上。領導其實就是指把他人導往任何方向，無論是影響他們往上、往下還是往側面而去。

若想成功影響他人並設計出一種可以不斷進化的領導方法，首先必須學習如何善用恆久不變的領導原則，即領導的基石。只要深深浸淫於這些基本原則當中，便可汲取地基的精神，更加得心應手地部署高效的創新領導做法。今天你在基本原則上所扎的根愈深，明日你的領導所留下來的貢獻就會愈持久。

「有效領導」有十大基石，這些基石我都見證過，也實踐過。不但如此，我也研究和分析過它們。從我的觀察或研究可以發現，能夠產出長遠成效的領導者，無論他們有什麼樣的性情、信念或技巧，他們的領導方法或多或少都混和了這些基石。同樣地，不管「你」是誰，也無論你在第一部建構的地基是什麼模樣，只要你對這十大基本原則更加投入，便可從中獲益，實現長遠的成效。可促成有效領導的原則多不勝數，但這十大原則只要顧妥，其他的自然會自行搞定。

「有效領導」的十大基本原則如下：

❶ 高績效
❷ 豐足
❸ 激發信任
❹ 使命
❺ 勇氣
❻ 誠信
❼ 不成長就等死的思維
❽ 謙遜
❾ 我可以幫什麼忙？
❿ 樂在其中

這十大原則的編號只是為了看起來井然有序，並非刻意以上下等級來做呈現；換言之，我在排列這些原則時沒有按照一定的順序。我的排序方式也許跟你個人的領導哲學不符；若是由你來編排，說不定你會選擇將我排在後面的項目，例如「樂在其中」挪到最前面，這一點完全沒問題，而且也忠於《領導力藍圖》的精神。我希望各位可以用跟自己所形成的領導觀點相呼應的方式，整理出屬於「你自己」的原則排序。無論你要怎麼編排，最重要的是你能真正掌握這些原則並加以應用，而且以適合你的方式將它們內化在心中。

這些原則當中有不少是重疊的；某些原則的面向也可以在其他原則裡看到。這些原則彼此相互協調，所以請各位在運用這些原則時試著隨機應變。以我先前舉過的例子來講，如果有一個實踐做法叫做「激發信任」，但這個做法若是放在「謙遜」或「誠信」的框架之內你覺得會更合適，那就沒必要強迫自己特別從「信任」的視角去著眼；就以你認為最適當的方式，也就是能更全面且有效實現「你個人」領導力的途徑，來運用此實踐做法或吸收要領之後加以應用。

領導力的光譜

當各位看著這十大原則，心裡也許會想：「等等，還是有很多成功的領導者並沒有完全展現這些美德呀！」的確如此。有些人的成功持續不了多久，或是用不夠尊重別人的途徑而成功。有些人則顯得不必要的難搞或不留情面。（例如說賈伯斯（Steve Jobs），他確實十分成功，但他在領導時若能對別人更用心誠懇，誰能說他不會造就出「更有威力」的成績呢？）各位一定見識過這些領導者，也許在新聞裡看到，又或曾經在其中幾位的手下做過事。我本身也曾為不少未服膺這十大原則的領導者效勞。

有些領導者能力不足，有些領導者則表現傑出，甚至可以用非凡來形容，不過大多數的領導者，包括我在內，都落在領導光譜的兩端之間。有些人謙遜不足，但展現出十足勇氣；有些人一直試圖出手協助，卻又少了績效導向的企圖心，當然還有各種優缺點組合的領導者類型夾雜在其中。那些在行為表現上明顯跟十大原則有所牴觸的領導者，雖然可以屢次製造短期成效，但實現長遠績效的能力卻大打折扣，讓領導者不堪疲憊、沮喪或甚至醜態盡出。

那可以不去管十大原則，但又能成功嗎？當然，即使忽略某些基本原則，你絕對還是可以成功，至少可以成功一段時間。不過從歷史經驗來看，這並非實現優異且持久成效最適當的做法。**領導者難道不該尋覓最佳做法來實踐自己的技藝，對周遭世界發揮正面影響嗎？**

《領導力藍圖》的十大不朽原則不是「唯一」的方法，但卻是「更理想」的領導途徑。用可控管的方式來關照十大原則，你就等於擁有了絕佳機會，在商業界實現長遠的成效，創造傑出的貢獻，為所有利害關係者實踐始終如一的價值，並且標出一條助你在職場上獲得喜悅與成就感的路線。

我要幫助各位創造出你會感到驕傲的貢獻。把構成此宣言的要素集結起來，就是一條可以持久不衰的途徑。我已經驗證過這條途徑，它確實有效，禁得起商業界的潮起潮落，也挺得過人類行為無限的複雜性，讓你無論碰到何種情況，都能產出高品質的成效——也就是你因此充滿自信的成效。

如果說這一切聽起來有點像空中畫大餅，那麼請容我把它拉回現實。還請各位明白這一點：你做得再更好一點就可以了，不必追求完美。當你閱讀本書第二部分時，只要記住不必在每一條原則上都要求最好的表現，就會覺得可行多了。試著用一種你覺得合理又能配合你生活步調的方式來把握這些原則。就從此時此刻著手，利用你現有的資源，做你可以做的事。其他的一切自然會自行搞定。

領導的最高真相

關於領導有一個「最高真相」與此宣言的十大基本原則緊密交織。你是否能應用從本書學到的東西並且成長為領導者，其實取決於這句話：**領導以人為本**。

領導者需要跟隨者，而跟隨者是要「贏來的」，你的頭銜很大也未必保證能贏得他們。若要贏得追隨者對你的信任，並散播你的影響力，你的所作所為必須全力彰顯你對尊敬他人的承諾，這是身為領導者最該瞭解的事情。

當然，這「看起來」也是顯而易見的事情，但實際上卻往往被忽略，真是令人意想不到。即便是經驗豐富的領導者都有可能忘記我們需要別人才能成功這番道理。從最基本層面來講，領導力講求的是你要有能力吸引、開發、鼓舞、善用和留住人才。人才是最重要的元素，你不可能光靠自己完成所有或大部分的事情。

通過考驗

情勢愈是險峻，尊敬他人這種事就顯得更重要。領導者經常會碰到這種狀況；當局勢很棘手的時候，尊敬他人這個重點往往最先被領導者棄守或忽略，因為尊敬他人看似需要格外費力，但棄守是非常不明智的做法。實際上，若是想解決很多難纏的領導問題，首先應該要重視的反倒是尊敬他人；換言之，被誤以為「可有可無的多餘之舉」，其實才應該作為起點，而且是不能妥協的起點。尊敬他人這個行為支配著其他每一個決定，也會定調你的行進方式。

無論你是誰，你碰到的各種領導難題與情境雖然會有所不同，不過你的領導力一定會有機會碰到考驗。考驗來臨之時，務必牢記保持頭腦冷靜，繼續尊敬他人，你的回應要先考量到別人，並且以隨機應變的方式特別關照他們的需求，否則的話，別人會覺得得不到激勵與支持，而無法給予你建設性的回應；這表示身為領導者的你在最需要他們的時候，恐怕難以讓他們發揮最大的努力。

不過話說回來，尊敬他人最有利的時機點其實是在考驗之前，換句話說就是在事情尚未變棘手之前。如此一來，當狀況真的變嚴重，你先前儲備起來的「善意」就可以派上用場。而且，就算你在百忙之中一時失策或狀況最危急的時候沒能守住尊敬他人的承諾，別人還是會因為你過去良好的紀錄而信任你的善意。

以人為優先：金寶湯領導者如何保障員工安全

接下來我要說一個故事，各位會在這個故事裡發現好幾個基本原則（誠信、勇氣、激發信任、高績效等，僅在此列出其中幾項）。我之所以想分享這個故事，是因為它示範了以人為本的精神是如何「貫穿」十大原則。當你一邊讀著大衛的故事，請格外留意——每一次成功行動的核心，每一次他刻意去做的領導決定——中心主題都是**尊敬他人**。

二〇〇四年，大衛・懷特（David White）擔任金寶湯公司全球供應鏈副理時，這家公司的工傷率是驚人的百分之一・二四，這表示當時在公司的兩萬四千名員工之中，每天都會有一位員工在全球某個工作場合受到重傷。這些工傷都十分嚴重，並非只是燒傷或割傷，而是往往需要住院治療，得離開工作崗位花很多時間休養的疾病。

大衛覺得這種統計數字太可怕也令人吃驚，可是工安委員會卻擺出滿不在乎的態度。

大衛知道金寶湯可以拿出更好的表現。對此我深有同感，這也是我延攬他的部分原因之一。這種工傷率指出了我們職場文化的一個問題：公司在以人為本這方面做得不夠。畢竟，安全不只是報告上的一個數字；這是人命關天、影響到生計的事情。公司如果沒有把保障員工安全列在首位，就不能宣稱它有多重視員工。

於是大衛矢志要扭轉局面，也真的付出了行動。他在金寶湯工作的這十年間，工傷率下降了百分之九十。他於二〇一四年去職時，公司一個月平均只有兩件工傷事故，從他剛開始接手時每個月有驚人的三十件事故一路下滑至此。他離開金寶湯之後，這樣的進步也持續維持著。

他是怎麼做到的？靠的正是處處表現出他用心守護「員工」。他先開誠布公，向員工交代清楚要改革的地方，然後他一再展現自己十分在乎受傷員工所遭遇的狀況。接著我就來說明他採取哪些步驟。

清楚表明最重要的事

二〇〇四年，大衛初擔任金寶湯全球供應鏈副理一職，這是個很新的職位，當時並沒有一套通用的安全標準讓當責之人有所依循，這一點必須改變。

大衛走馬上任沒幾天，就寫了一封私人信件給金寶湯位在全球各地的每一位工廠及倉儲主管。他在那封信宣告了兩件重要事項。第一項是目標，他打算在三年內把工傷事故減少百分之五十。第二項是一道指令，他要求工廠或倉儲主管在發生工傷事故時，務必在二十四小時內傳送電子郵件給他，解釋事故的發生經過、人員的狀況及從這場事故中學到哪些教訓。

大衛透過這些信向整個企業清楚表明了三件事：

- 安全事關重大，因為這攸關到人的性命。
- 我們要在一段明確的時間內改善這種情形。
- 身為領導者，我個人對此問題深切關心。

剛開始大衛遇到一些阻力。在他大刀闊斧之前，大家對於工安的一貫做法就是「扮豬吃老虎」——做出很保守的承諾，這樣一來不怎麼樣的成績看起來就會顯得很成功。雖然公司上上下下大多數的人都願意服膺大衛的領導，降低工傷事故，但是一些反對改革的人對於他所設的降低五成工傷率目標仍感到焦慮。對此大衛表示：「有個人慌慌張張跑來跟我說：『你千萬不能這麼做，要是你只降低百分之四十怎麼辦？你會被開除！』」可是大衛知道這值得冒險，因為安全問題攸關人的生死。

各位走在領導旅程上，大概也會碰到諸如此類的障礙，尤其是你對以人為本這種事抱著絕不妥協的態度時。別被唱反調的人給嚇住了；一定要對自己有信心，因為你在做正確的事情。

展現你的關心

大衛剛開始為了降低工傷率所做的重要決策，是在收到工傷事故報告後，緊接著親自打電話給呈報工傷的工廠主管。雖然大部分領導者或許會致電受傷的員工，但大衛很清楚全球各地的工廠主管才是那個得到授權為員工更安全環境拚戰的人。

大衛解釋道：「我不會痛罵任何人，也不會大吼大叫，只有我的一片真心誠意。」他除了詢問工傷的事情，也會趁機多多認識那些主管，聊一聊他們的生活，看看自己能幫上什麼忙。他想傳達的訊息是：我**關心**每一個人，同時我也想為了大家把事情做得更好。

大衛用自己的方式主導安全議題，這件事也因此逐漸流傳開來。他分享道：「一旦有傳言說我這個剛到金寶湯的新主管真的對安全十分重視，那麼所有的工廠主管也會同樣重視這件事，光是這一點就已經對組織產生巨大的影響。」這也是關鍵轉捩點；得到工廠主管的認同之後，安全紀錄便開始有了改善。不過大衛並沒有因為這股正面的動能就放鬆警戒、產生虛假的安全感，或就此打住，不再繼續強化安全的重要性。他在金寶湯的十年，只要一發生工傷事故，依然繼續親自打電話關心。

這個故事的經驗教訓就是，假如你堅守對別人的承諾，就能嚐到最甜美的成功滋味；當正面的改變開始出現的時候（你一定會看到），並不表示你可以鬆懈下來，反而應該趁機再加把勁，再做一次承諾，並且保持堅定。

「尊敬他人」有時意味著零寬容

以人為優先——尤其是關係到人的安全時——未必容易。在很多狀況下，即使情勢十分棘手，你也必須堅持到底。對大衛來說，這表示對於安全議題他力守最嚴格的零容忍政策。

二〇〇〇年中旬，在我們位於全球各地的工廠當中，就屬比利時布魯塞爾的巧克力工廠最不安全。大衛到該工廠視察，卻碰到他們找藉口搪塞，指稱那是比利時的文化及工會延續這種不安全的工作環境。但是有一件事說不過去；二十英里（約三十二公里）外的另一家金寶湯湯品工廠，堪稱是全世界安全紀錄「最優異」的工廠之一。這兩家工廠都位於同一個城市，但在職安方面所繳出的成績卻有著天壤之別，想必兩者之間的差別就在於領導。大衛得撤換工廠主管才行，他解釋說：「就是不能容許他們找那種藉口。」這個撤換主管的決定雖然強硬，但可以讓員工更安全。

「有些事情一定要抱著零容忍的態度不可，」大衛說道。「這一點非常重要，」因為如果沒有嚴苛的標準，「就會害死人。」他採用漸進式的紀律控管機制，從實事求是的角度來解決這個問題，每一次只要出現違反情事就會調高嚴重程度，而最嚴重者可予以解僱。大衛表示：「關鍵就在於設定標準。」他的理想信念是「直到公司完全沒有工傷為止，我們的任務才能算結束。」他輕輕鬆鬆就順勢將此標準拿來呼應他對人的關心，因為他這樣說道：「這是現實世界，很實際的問題，人命關天啊！」

鼓勵改變

大衛為了鼓勵大家重視安全，制訂了一套認可計畫，用來獎勵金寶湯最安全的場所：只要持續一年或一百萬個工時都沒有工傷事故發生的工廠、倉庫及辦公室，便可插上一支標示安全的旗幟，讓它在廠房或大樓前飄揚。這個計畫逐漸受到熱烈歡迎。得到安全旗幟作為表揚的工廠，有時候甚至會邀請當地報社或地方首長共襄盛舉，跟他們一起慶祝這項殊榮。飄揚的旗幟變成榮耀標章，員工對於能身為一家重視自己安全的工廠一份子，也感到十分驕傲。對公司每一個人及整個組織來說，安全議題的重要性也逐漸獲得提升。

以人為本的優良實務做法等於優良的商業實務做法

大衛雖然抱著愉快的心情孜孜不倦地為安全議題奉獻心力，但他並非光靠仁慈與親切感來付諸行動，改善職安其實是一門賺錢的生意。換句話說，保障員工的安全本來就是應該要做的事，但它也是一項聰明之舉。大衛解釋說：「假如能降低工傷率，到頭來生產力便會提高，職災補償成本也會跟著下降。」

這種成果對公司來講固然是好事，但大衛也說：「這並不是驅策我們的動機。」那麼真正的動機是什麼呢？「你對人的愛心，你對組織和個人的關懷。」這便是他一再對董事會、對整個公司所傳達的訊息。為了爭取到所有利害關係者的支持，他從不曾強調成本或數字，始終都是堅定明確地將焦點放在「人的生命」上。

各位可以在大衛所採取的各種行動當中，包括他清楚表明最重要的事情是什麼、對人命關天的事零容忍、巧妙地激勵員工採取他理想中的安全作為等看到，他因為真心誠意做出關懷別人的承諾，而得以執行高賭注的標準。「以人為本」的精神彰顯在他做的每一個選擇之中，而這也是他成效卓著的原因。

大衛了然於胸的是，自己的成功應該歸功於他所建立的私人關係。他表示：「我認為正是我親自致電工廠主管，所以才能在安全議題上有了重大突破。」這種既特殊又親近的作風會加倍擴散。最後，大衛指出：「這是一件大事，員工感覺到公司很在乎他們的安全。」對此我深表贊同。就領導這個領域來講，最有威力的作為莫過於讓大家知道你非常在乎，並且讓這份在乎的心指引你實現成效的途徑。

堅持不懈的召喚

找到有效的方法實現優異的績效表現，而且不只是為了現在，也包括可預見的未來，就能持續不斷的召喚領導力。正如大衛的故事所指出的，勢必會有嚴苛的標準要實施，請記得秉持以人為優先的精神去發揮你所有的領導作為，如此一來人們在當前和長遠的未來才會有最好的成功機會。

各位會在下一章學到高績效這項領導的基本原則。我花了多年功夫，勾勒出能達到持久高績效表現的路徑。這條路徑的核心信念在於，組織的成功靠的是「人」——而非不顧他們，也不是犧牲他們。「人」是企業成功的關鍵。

為了進一步在金寶湯展現這個理念，我們打造了「金寶湯承諾」，這是由高層團隊設計的一句話，叫做「金寶湯重視員工，員工重視金寶湯」。我們刻意把尊敬員工這件事放在這句聲明的前面，而不是後面；這項承諾不但宣示了我們扭轉公司的意圖，同時也加速了我們邁向成功的步伐。

各位在閱讀本書的後半段時請記住：

當你花心思尊敬別人，他們也會藉由奉獻自己的心力、努力工作和抱以信任來回敬你。你必須先用實際作為向員工展現你重視「他們」的事務，接著才能期望他們也重視組織的事務。

採購清單

接下來的十章，我會用具體可行的做法來實現以人為本的宣言，讓你能夠應用在自己的領導旅程中。我分享的諸多實踐做法和故事想必會引起你的共鳴，有些則未必。不妨把你要打造的地基當作採購清單，而地基所包含的洞見就像一間很大的雜貨店。不必去「每一排」貨架拿取商品，只要「大部分」的貨架有光顧到就行。也就是說，請針對「你個人」的特定領導配方去拿取必要的基本材料即可。任何你覺得適合的概念、建議或實踐做法，都可以把它們加入到清單裡；不是那麼適用的東西，就從清單刪除吧。學習領導的相關知識，並謹守「有效領導」的十大基本原則非常重要。不過，藍圖的宗旨並非強迫各位去遵守別人的領導觀念。領導的關鍵在於「你個人」，因此請用藍圖來尋找「最佳擊球點」，讓你的能力發揮最大成效，同時又能一路展現你的真誠。這一點請銘記在心。

第十一章

Chapter eleven

高績效

「一盎司的績效勝過好幾磅的承諾。」

—美國演員梅・蕙絲（Mae West）

領導，是利用寶庫裡每一種可用的工具提升績效表現，創造一個更美好的世界。領導，也是讓員工能夠有決心地拿出高水準的績效表現。你會注意到，「績效」這兩個關鍵字一再出現。身為領導者務必要瞭解，不求績效的話，其他事情也會變得沒那麼重要。

當你走過藍圖六步驟，做了學習也有所成長，並且建立了最佳實踐做法寶庫，請務必記住，這些實踐做法若是不能有助於實現預期成效，就一文不值。本章要深刻提醒各位一個簡單卻又常被忽視的領導真相：領導就是要為利害關係者創造及實現長遠價值。意圖是很重要，但這不是用來衡量你的指標。所有的一切都會歸結到「成效」、「成效」、「成效」。

奉績效為圭臬

當你繼續走在領導旅程上，請把以下這句座右銘列為你首要重點：**流程始終都是為了結果而存在**。假如你率先為提升員工敬業度打頭陣，最終目標並不是為了員工的敬業度，而在於透過員工藉此取得更好的成效。又假如你打算對培訓計畫做大刀闊斧的改革，那麼最終目標也是為了透過員工取得更好的成效。假如你要重新改造策略途徑，最終目標當然也是為了藉由員工取得更出色的成效。無論做什麼事，都是為了找到方法透過員工拿出更好的績效表現。

在目前這個階段，你已經著手建立了最佳實踐做法寶庫幫助你落實領導。然而，當你開始實際應用這些做法時，如何得知自己的行動可以達成目標？我有一個很簡單的訣竅，也正是靠它保住我的重要績效。這個訣竅只有一句話，方便我在心裡做檢查對照，讓我把握住最重要的事項。各位在設法用新做法來激發員工參與之際，請記住這句箴言：**實踐做法的效果必須反映在績效上**。假設你在領導過程中嘗試某樣新東西，那麼最終用來判斷新東西成效多寡的基準就是績效——想必你也已經猜到了。你的新作為、新做法或創新之舉是否實現了預期的成效？這個問題會在頂尖領導者的腦海裡自動迴圈。現在，也請你訓練自己在心裡問這個問題，對你一定大有助益。

兩大基柱

許多年前，我所任職的納貝斯克公司剛經歷史上最大的融資收購（leveraged buy-out, LBO），當時擺在我眼前的是一個十分棘手的狀況。情勢錯綜複雜，各方對我們的要求也很高。我得率領大家度過這個挑戰，壓力有如千斤萬擔。我需要協助。

俗話說得好：「學生準備好，老師就來了。」就在我最需要的時候，我找到了史蒂芬・柯維的教誨。他的方法啟發我的領導觀點，從那時起我碰到很多挑戰，幸虧有他的鼓勵；這在我領導力覺醒的過程中具有重大意義。雖然史蒂芬屬於學術型的思想領導者，而我本身的作風比較偏向實踐者，但是多年前向他及其同事學習的時光，還是深深影響了我對有效領導核心元素所抱持的哲學。（假如各位尚未探索過他的《與成功有約》（*The 7 Habits of Highly Effective People*），建議你找機會讀一讀。）

我受到史蒂芬著作的啟發，找出了實現高績效的兩大基柱：**能力**與**品格**。史蒂芬將這兩個基柱定位為在激發信任時不可或缺的要素（我也一樣），不過我也認為想要實現高績效就不能沒有這兩點。我之所以把「能力」與「品格」放在本章，是因為真正有意義的成功領導，必須仰賴這兩大基柱。

剖析領導能力

顯而易見的是，想要拿出那麼一點高績效的表現，你得有能力才行。「能力」看起來是理所當然必須具備的東西，但是正因為它如此基本，所以在認真論述領導力時都該把它明確列為討論重點。能力既然必不可少，卻沒有多少人探討能力究竟是什麼。的確如此，從比較宏觀的角度耙梳有效領導各個面向的大部頭書其實多不勝數，但一把範圍縮小，講到能力本身的核心元素，這個部分往往就顯得有些神祕。

我們該如何量測自己究竟有沒有這種如此基本、但在定義上卻又難以捉摸的東西？工作表現與財務績效尚有一些指標可以去評量，也十分有用。但就最基本的層次來講，究竟什麼是領導能力？若從結構上去分析，能力的內部有何奧祕呢？

能力雖然是複雜的東西，不過可以拆解成三個要件。若專注又有自律地去開發這三個要件，並相互搭配運用，那麼整體領導能力就可提升。

當你用這樣的框架去認識能力時，別忘了這並非精確的科學方法；它是以我個人的觀察和經驗為基礎。我設計這個簡單的模式，主要是為了幫助領導者對自己在專業領域上的能力有更深入的瞭解，並且自行做評估。整體說來，有效領導的面向很多，但是從這三個要件你可以清楚掌握個人能力的內部奧祕。

領導能力的3Q

一、智商（Intellectual Intelligence, IQ）：領導者以合理方式處理資訊並預先做決定的能力。是否能依狀況快速綜合資訊並加以應用正是取決於智商；智商這塊能力拼圖沒辦法用其他東西來取代。

二、情緒智商（Emotional Intelligence, EQ）：領導者用同理心及良好判斷力去處理人際關係與團體動態，同時又可感受和評估核心團隊乃至於組織的整體情緒「脈動」的能力。情緒智商是激發員工敬業度、贏得信任和打造蓬勃企業不可或缺的區塊。

三、功能智商（Functional Intelligence, FQ）：領導者在自身領域或所屬部門培養充足專業知識與技能的能力。你剛開始也許可以仰仗另外兩個要件在新的領導職位上成長到這個區塊，但你終究還是必須紮紮實實地培養所屬職責領域的專業知識。要是到頭來你無法充實該具備的知識，就只能等著失敗。我把食品業務摸得很清楚，所以才能有效領導金寶湯公司。倘若你要領導業務組織，就必須對業務有充分瞭解。假設你想管理編輯團隊，就有必要掌握寫作與出版的相關事宜。試想一下，假如賈伯斯對電腦或科技一竅不通，今天 Apple 恐怕就不會成為家喻戶曉的品牌了。

利用此框架

當你審視這三個不可或缺的能力要件，你應該會發現自己在其中一、兩個要件上比較強，其他要件則顯得弱一些。別灰心，不一定都要一樣厲害才能成功並獲得提升。當這三個要件相互融合並且經過歲月的淬鍊之後，領導能力便會逐漸浮現，這些要件合體後所產生的力量，會比個別的功能更強大。

舉例來說，領導者一開始雖然對他所屬領域缺少必要的功能智商，但並不表示他就不能勝任此職位。他可以善用自己的智商與情商來增加附加價值，打造強大的團隊，設法深入瞭解該業務。我在剛踏入職涯那幾年，正是透過這種方式找到自己的立足點。當上頭要求我去掌管納貝斯克的業務部門時，我一開始就回絕了。我不喜歡打高爾夫球，又是個內向的人，最重要的是，我對業務其實一知半解。各位應該也想起來了，我最後還是去領導業務部門，儘管我不是很願意。

起先我很憂慮，因為我怕自己缺乏業務的功能智商，有可能會害到自己。不過我還是靠著情商和智商的優勢設法應付過去，而另一方面我也穩定地加強這個職務所需的功能智商。

同樣的，你也可以利用這種剖析框架，測量自身能力的三個面向，並自我評估需要培養哪些區塊。也許你已經擁有充分的所屬領域專業知識（功能智商），但仔細思考過三個要件之後，你發現自己需要更進一步培養瞭解組織情緒樣貌的能力（情商），才能讓團隊全心全意投入工作。

無論你的能力核心三要件在什麼程度，盡力去做即可。這三要件搭配應用得更好，領導能力就會變得更強大。只要努力鍛鍊和精進這三要件，你的領導能力便會開始全力發揮。

衷心希望，以此精確地剖析能力提供的洞見，能幫助各位深入掌握領導的基本原則。當你對自己的能力有一定的認識之後，便可以在探索後續章節的同時，發展自己能力，展望著有朝一日能充滿信心地打破規則，邁向進步。

品格的重要

品格很重要，就跟能力一樣，兩者的重要性不相上下。假如你沒有認真尊敬你所有利害關係者的品格，藉此落實領導職責，那麼你的領導未來恐怕會很飄渺，甚至危機四伏。

品格可以藉由不同方式去展現，往往看起來不好捉摸或模糊難辨。大部分的人應該都會認同，正直無私的品格至關重要，但許多人仍在努力闡明它需要包含什麼特質。品格的定義可以南轅北轍，端視你問的對象是誰。不過有一點倒是可以確定：就算跟你一起工作的員工沒辦法用一句話來定義「品格」，但是他們一眼就看得出來。你要是沒有人品，他們也看得出來。

以下幾件事是危險信號，別人會從這些信號看出你缺乏人品：你沒有說到做到；你沒有負起責任，反而歸咎於他人；你沒有跟同事和部屬一樣努力工作；你濫用權勢或靠身分地位去威脅、嚇唬、強迫或操縱別人；你總是擺出一副自己最聰明的模樣，看輕別人的意見和觀點；你不感謝別人的貢獻；你碰到挑戰時無法堅持下去，輕易就放棄或讓步；你沒有用給予支持但實事求是的方法去刺激他人提升績效表現。這些缺點——還有很多其他缺點——只要出現任何一項，就會成為品格的累贅。

如果不能接受品格是有效領導方程式很重要的一部分，那麼你實現高績效的能力便會無疾而終。你必須特別花心思培養和提升品格，並搭配能力一起運作。領導關乎的是人，若是不能負起責任好好留意自己的品格，就會失去品格，事情也會出狀況。

現在你對實現高績效的兩大基柱，即能力與品格有一定的認識，這表示你已經準備好學習如何善用這兩大基柱去取得預期的成效。如需自我評估這兩個面向的綜合做法，請參考本章結尾所附的**能力與品格檢核清單**。

直覺→智慧

掌握直覺與智慧兩模糊概念之間的微妙互動，是解開高績效奧祕的鑰匙之一。

你對智商、情商和功能智商所下的功夫愈多，你的第六感——我稱之為直覺——就會變得愈強，進而擴充你的領導力。當你表現得更出色，把**能力**三**要件與直覺相互融合**的能力也會變強，造就出某種看似飄渺卻能實現具體成果的東西，就是**智慧**。

智慧是一種很難界定的東西。它就像品格一樣，你看到它便會了然於胸。讓最受敬仰的領導者與經營大師的努力看起來毫不費力的東西，正是智慧。

智慧可以讓你的領導充滿生命力，幫助你實現高績效。為什麼它有這種功效？因為把領導能力的所有功能性突觸串連起來的東西正是智慧。也因此技藝精湛的領導者無所遁形，只要從他們運用獨有的智慧迅速處理資訊，進而視狀況做出明智決定的方式，就能看出來。

舉例來說，假設有一位冠軍隊足球教練，他對足球有深刻造詣，也十分瞭解比賽規則，所以知道該採取什麼行動（功能智商），加上他與球員之間有深厚交情，對他們的能力很有信心，進而得以知道該如何執行戰術（情商），接著再配合發揮他敏銳的決策技巧，知道何時應該視狀況改變路線（智商），因此能在戰況最激烈的時候游刃有餘地下達戰術，最後率領球隊拿下勝利。智慧說起來其實就是在展現你如何協調、有致地掌握領導能力的三要件。

這聽起來有點學術又抽象，所以容我概括一下重點：把能力三要件（即智商、情商和功能智商）和基於經驗的直覺整合起來便可得到智慧。當你在領導的戰壕裡，身邊的人指望你有好人品又能拿出最恰當的作為時，你之所以能迅速消化資訊並加以應用，靠的正是智慧。

三個時空下的領導

別把拓展「影響力範圍」侷限在利害關係者、組織和社區，若是也能擴及三個時空，即**過去、現在和未來**，一定有助於我們隨著不同情境做出更明智的決策。

我們在今日的所作所為影響到的範圍不只現在，也包括了過去和未來。當我們在應用智慧時，必須成為領導力的「時空旅人」，也就是說，為了達到有效領導的境界，我們要有能力在一瞬間從精神上、智力上和情緒上把自己同步傳送到這三個時空。若是不能適當地尊敬過去、現在和未來，後果會很嚴重。

我是這樣看待各個時空的特有需求：

- 過去：領導者必須從過去學到教訓並尊敬過去。
- 現在：領導者必須以優質做法達到現在的期望。
- 未來：領導者必須開闢一條清晰具體的路徑，創造前景茁壯的未來。

把這些要點記在心裡，當你碰到棘手的決定時，問題就會變成：該怎麼做才能經常實現高績效，不只是現在，而是在尊重三個時空的情況下？

我有一個簡單卻效果卓著的習慣，可以幫助我的領導力進行「時空旅行」，總是能對我發揮妙用，這個習慣就是把**時空檢核清單**想一遍。將清單裡的問題想過一遍只需要一分鐘，但這短短的六十秒就足以讓我挖到有用的洞見，為我的決策過程重新校準。我透過這份便利的檢核清單，在心裡造訪三個時空，用以下三個問題來評測我提出的行動計畫。

時空檢核清單

過去：我是否用銳利的目光審視過去，目前的行動方針是否反映出我從過去所學到的教訓？

現在：我現在是否想得很透徹，目前的行動方針是否符合當前的期望？

未來：我是否做了對未來不利的事，如果沒有的話，目前的行動方針是否能為持續的茁壯與成功奠定基礎？

思考清單上的三個問題不用花多少時間，但每次思考過後，我在做決策時就會變得更敏銳。如果我本來錯過了什麼重點，通常就能把重點抓回來，並據此修正路線。領導力的「時空旅行」練習得愈多，這門功夫我便做得更快又更好。在此同時，我也會更有信心，相信自己已經做了必要的盡職調查，才能做出會影響到數百人，甚至數千人的決策。

我們的決策責任十分龐雜，所以在設法加以控管之時，應當給別人一些時間去確認我們會在各種情況下做出最明智的決定。身為領導者，必須負責同時從大處及小處著眼；換句話說，我們既要設法處理日常的繁瑣細節，又得重視更宏觀的目標與策略。若要顧到所有層面，就需要考量三大時空，並且思考這些時空是如何同時影響策略與戰術。只要我們把過去、現在和未來的特有需求都放在心上，便能夠以應有的關注和視角施展我們不斷擴張範圍的影響力。

高績效的最終結論

本書的諸多理念所勾勒的是一條開明的領導途徑，也就是一種能夠同時尊敬「人」與「績效」的做法。這種領導方式迫切、適時又很必要。然而，如果我們忘掉領導的初衷，那麼再好的實踐做法、信念和原則也都無用武之地。無論如何，你非得拿出成效不可。假如你承諾這一季要達到什麼目標，最好要做到；假如你說要提升員工的敬業度，最好要做到。

頂尖領導者「總是」把績效擺在第一位，這是我親眼所見。**他們所做的、所相信的、所嘗試的、所學習的或所說的一切，都是為了績效。**績效就是領導力那頂皇冠上的珠寶，應該被好好守護著，因為它是一種價值連城之物，不可令它失去光澤。

沒錯，尊敬他人確實是有效領導的關鍵，但你必須把**初衷**牢記在心。換言之，你得堅定不移的集中目光，才能召喚出非凡的努力與優異的成效——這種成效最符合所有利害關係者的需求。

圖 11.1 能力檢核清單

請瀏覽這份清單，大致掌握自己目前的處境，之後在運用實踐做法加強地基的同時，可以一邊參照這份清單。

針對每一項題目給自己評分；1 分表示糟糕，2 分表示待加強，3 分表示普通，4 分表示良好，5 分表示傑出。

下次再回過頭來檢視這份清單時，留意自己在分數上的變化並評估自己的長期進步。

智商（IQ）

☐ 1. 當你有壓力又面對著複雜的挑戰時，是否能依情況同時處理數個面向的問題並做出明智的決策？

☐ 2. 你能否準確指出需要哪些資源？能否找出對的人來做事，並且指派合適的人去做該做的事？

☐ 3. 你是否積極主動地找出組織該進步的區塊並加以處理？

☐ 4. 你是否建立了某種方向？你能不能制訂既符合理想又具體可行的計畫，藉此提升組織的事務？

☐ 5. 你是否備有一套有系統的流程，能夠用來評估事情的進展符不符合你建立的方向，並且在必要時修正路線？

情緒智商（EQ）

☐ 1. 你是否感覺得到組織的情緒「脈動」？你能不能根據員工的動機和恐懼來調整步調，激發他們全心參與企業的事務？

☐ 2. 你是否擅長延攬人才，不只是因事找人，而是會顧及人才的整體適性及與公司的契合度？

☐ 3. 你能不能同時做到對標準實事求是和寬以待人？

☐ 4. 別人對你的領導能力是否有信心？你是否已經贏得他們的信任？

☐ 5. 你會對別人表達感謝並在適當時機透過認可計畫來表揚成就嗎？

功能智商（FQ）

☐ 1. 你對所屬責任領域（例如業務、人資、財務、設計、編輯）是否有顯著的瞭解？

☐ 2. 你對所在產業（例如能源、消費性包裝產品、醫療保健、媒體）是否有顯著的瞭解？

☐ 3. 你能否跟專業領域裡的人清楚溝通？（你會說所在產業的「語言」嗎？）

☐ 4. 你能否持之以恆地達到或超越你自身角色或職責所應擔負的績效標準？

☐ 5. 你是否都能一直建立可靠的人脈，從中得到指引及吸收專業知識？

圖 11.2 品格檢核清單

請瀏覽這份清單，大致掌握自己目前的處境，之後在運用實踐做法加強地基的同時，可以一邊參照這份清單。

針對每一項題目給自己評分；1 分表示糟糕，2 分表示待加強，3 分表示普通，4 分表示良好，5 分表示傑出。

下次再回過頭來檢視這份清單時，留意自己在分數上的變化並評估自己的長期進步。

誠信

☐ 1. 你是否說到做到，而且做得很好？始終如一嗎？
☐ 2. 無論身旁有沒有人要你承擔責任，你的行為表現都一致嗎？
☐ 3. 你會實踐承諾嗎？
☐ 4. 你犯錯時會立刻坦承，並採取行動來更正錯誤嗎？
☐ 5. 你很確定自己不會濫用權勢或身分地位去威脅、嚇唬、強迫或操縱別人嗎？

以人為優先

☐ 1. 你是否用尊重的態度來對待他人？
☐ 2. 你是否認真傾聽別人並重視他們的想法、意見和回饋？
☐ 3. 別人是否支持你？當別人需要你的支持時，你會為他們挺身而出嗎？
☐ 4. 你是否經常問別人「我可以幫什麼忙」？
☐ 5. 你是否熱愛工作，為組織注入喜悅、樂趣或活力？

勇氣

☐ 1. 你是否不怕把公務私人化，而且對領導這件事有滿腔熱血？你會向別人自我聲明你的熱情與信念嗎？
☐ 2. 你會表明信念中的勇氣，為你的信念和標準大聲疾呼嗎？
☐ 3. 你會用給予支持但實事求是的方法持續刺激別人拿出更好的表現嗎？
☐ 4. 即便身在不道德行為可以被接受或此等行為已經稀鬆平常的環境之中，你依然能力守高道德標準嗎？
☐ 5. 狀況棘手的時候，你會堅持下去嗎？

謙遜

☐ 1. 你是否承認自己未必是最聰明的人？
☐ 2. 你是否認同自己一定可以做得更好，以謙遜的態度想著人總有進步的空間？
☐ 3. 你是否意識到必須仰賴他人才能替組織做好事情？你是否展現出這種認知？
☐ 4 你是否積極主動的從書籍、工作坊、導師、教練和同儕尋求建言或忠告？
☐ 5. 你是否能卸下心防，以「真心」示人，讓別人可以跟你有更深入的連結？

Chapter twelve

第十二章

豐足

「人生並非『二選一』，而是可以『兼容』。」

—美國職籃球員兼綜合格鬥選手羅伊斯．懷特（Royce White）

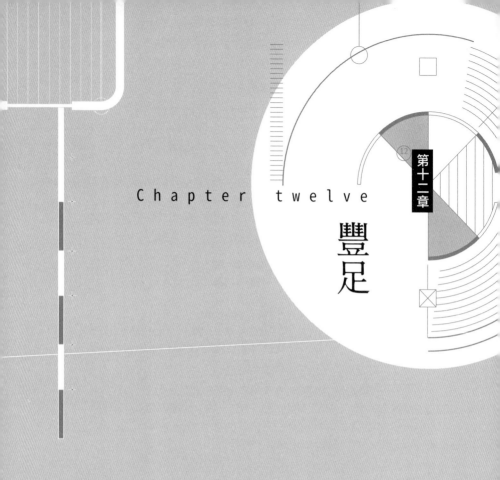

一家公司之所以禁得起時間考驗靠的是什麼？當今這個時代加倍動盪、變化快速，複雜得令人招架不住，為什麼就是有一些公司能走得長長久久、與時俱進，有些卻萎縮退場呢？詹姆・柯林斯（Jim Collins）和傑瑞・薄樂斯（Jerry Porras）所合著的權威商業書籍《基業長青》（*Built to Last*）回答了這個問題。這兩位作者花了長達六年的時間做一個研究專案，設法找出讓組織能長遠蓬勃發展，保證可以在商業界長久成功的明確特質。他們特別去研究既能永續經營（即平均經營一百年），又有持久績效表現（也就是從一九二六年起公司股票的表現比股市平均值多十五倍）的公司，結果兩位的研究得到十分令人驚嘆的結果。

「兼容」本領

柯林斯和薄樂斯在研究中找到的其中一個最大重點，就是他們稱之為「兼容本領」的概念。這兩位作者對此概念的描述如下：

高瞻遠矚的公司不會用所謂的「二選一暴力」來折磨自己——二選一是一種理性觀點，無法輕易接受相互矛盾的論述，意即沒辦法同時跟兩種看似相違背的力量或概念相處。這種「二選一暴力」迫使人們相信事情一定只有A「或」B選項，不可能兩者皆有。

高瞻遠矚的公司會用「兼容本領」解放自己，而不是被「二選一暴力」綁架——兼容本領是一種同時擁抱若干極端面向的能力。換言之，**這種公司會想出辦法同時擁有A「和」B選項，而不是從A「或」B選項挑一個**（此處的粗體是由我加上的）。

領導者接觸到這樣的概念時，第一直覺往往會把此概念誤解為有必要逐漸找出其中的「平衡」。不過平衡這個概念跟「兼容本領」比起來，則顯得既沒火花又不完整。誠如柯林斯和薄樂斯在《基業長青》中所解釋的：

「平衡」意味著取其中間值，五五對分、一半一半的意思。例如高瞻遠矚的公司不會去找尋短期和長期之間的平衡點，他們會設法在短期內拿出亮眼成績，「同時」也會創造優異的長期績效。高瞻遠矚的公司會設法達到最高理想，「同時」又實現高獲利，不會只想著在理想和利潤之間取得平衡。

簡而言之，公司成功經營的關鍵不是協調兩種不同程度、看似相互牴觸的事情，在蹺蹺板上搖晃到找出折衷辦法，在某個中間點將兩者合併為止。並非如此，成功的祕訣其實在於「沒有」折衷、不判斷任何一邊的程度。最優秀的公司會「同時」做兩件都十分必要的事情，而且全面去做，一向如此。沒有所謂的取得平衡，因為他們可以兼顧理想與現實，無論是短期或長期他們都會拿出好表現，自始自終都堅定地牢牢抓住自己的核心信念，同時又持續不斷地進步。

誠如柯林斯和薄樂斯乾淨利落的總結：

真正高瞻遠矚的公司會同時擁抱連續體的兩個極端，例如繼續和變化、保守和進步、穩定和改革、可預測和混亂、傳統和更新、基本原理和瘋狂。一切都是「兼容」的概念。

當然，這種概念特別適用於整間公司，而非範圍較窄的領導力，不過「兼容本領」卻是瞭解豐足心態和有效領導的關鍵。

豐足心態

我對於豐足的想法已經逐漸發展成我本身特有的觀點。從這個觀點不但可以看出我接觸過詹姆．柯林斯的作品，也指出了我深受史蒂芬．柯維對「豐足心態」的看法所影響。

在我解釋自己如何看待豐足心態並協助各位將此心態應用在個人的領導之前，請容我先用史蒂芬．柯維的闡述來來說明一下背景，這樣更容易理解豐足的概念：

大多數的人都被我所謂的「稀缺心態」制約。這些人覺得人生能擁有的就只有那麼多而已，彷彿除了一張大餅之外就沒有別的了。假如有人要從這張大餅取走一大塊，這意味著別人能分到的餅就變少了。

稀缺心態所示範的正是人生為一場零和的賽局，即有人得必有人失。稀缺心態的人很難給予別人認同與信任，也不容易做到跟別人分享權力或利益，即使對方是生產過程中出手幫忙的人。此外，這種人基本上也無法真心為他人的成功喝采。

從另一方面來看，豐足心態則源自於深刻的個人價值意識和安全感。這種心態示範的是一種東西有很多、每一個人都分得到的概念，促使大家能與他人分享聲望、認同、利益、決策。如此一來便開啟了各式各樣的機會、選項、選擇和創意。

最有見識的領導力實踐者必須拒絕「稀缺心態」侷限的想法，就像最優秀的公司一定會拒絕「『二選一』暴力」一樣，如此才能擁抱豐足心態，將這個世界視為一個機會無限、你和所有人都能分享的地方。

這概念使我對豐足有了一番體悟，可以廣泛應用在當今和明日領導者身上。

切換成豐足心態

我個人從柯維和柯林斯的觀念汲取靈感，對豐足另有一套詮釋。柯林斯從組織立場去看待豐足，柯維以個人的視角審視，而我則專從領導力的角度著眼。

想充分具備豐足心態，就必須在幾乎每一個想像得到的領導面向上把「二選一」的思維切換成「兼容」。切換之後，你的領導力（還有你的人生）就可以轉型。

二選一的思維大概是這樣運作的：領導者在面對棘手的難題時，往往自然而然會從二選一的角度去考量。由於人的「蜥蜴腦」總是設法把複雜性降到最低，防範自己去嘗試不一樣的新事物，所以難怪會忍不住用這種過份簡化的方式去省思問題。在此思考模式之下，我們先發展出兩種看起來不一樣的路徑，然後去權衡兩者的利弊，最後不是挑這條路就是挑那條路。

不過在我看來，二選一思維是一種**稀缺**的途徑（我對稀缺一詞的用法跟柯維稍有不同）。一般來講，稀缺途徑沒辦法幫助你變成你可以成為的那種頂尖領導者，因為它會妨礙你的領導能力，這是由於稀缺的本質就是排除與忽略；換句話說，這種途徑本來就會讓你錯過好構想。若想真正鍛鍊你的智商、你的決策能力，就必須學習從不一樣的角度看事情。

我是在成為金寶湯公司總經理和執行長時，第一次清楚領悟到這一點。如同我先前提過的，金寶湯當時正面對巨大的挑戰；公司文化有諸多問題，加上員工敬業度低落，獲利表現嚴重惡化。用豐足心態來梳理問題，一切就明朗了，我們執著於「僅僅只為」股東實現短期利益，此舉已經危害到公司跟所有其他利害關係者（包括員工、客戶、消費者、主管）之間的關係，事態嚴重到我們難以投入整個組織去創造更大的長遠價值。

問題的罪魁禍首是什麼呢？稀缺心態是也。組織一直以來都只為了股東短期利益這個單一目標而犧牲了其他所有人，而不是**同步**追求所有重要的目標。

把心態切換過來，用豐足思維去審視問題，便可清楚看到我們必須想辦法雙管齊下，同步為「每一個人」實現價值，不只是為了股東。切換心態意味著我們必須找到方法，提高所有利害關係者的參與熱忱，特別是我們的員工，如此一來才能為股東改善績效。也就是說，兩個都去做，不要二選一。

我們必須瞭解到，這兩個目標彼此共生、相互連結；如果想要為股東增加價值，就必須把消費者、客戶、員工和主管的事務考量進去。

圖 12.1：金寶湯成功模型

我們為了幫助大家切換心態，打造了最重要的創新之舉「金寶湯成功模型」。如上圖12.1所示，此模型指出我們需要跟相關人員一起「在職場勝出」，才能為股東「在市場勝出」，以便協助打造更美好的世界，進而「在我們服務的社區勝出」。而且，這些層面也必須同步進行，不能在某個單一面向折衷妥協，如此方可助我們「用誠信勝出」。此全方位的途徑顧及到所有利害關係者，對我們的策略方向和營運哲學有重大影響，又能引起部屬深切的共鳴，對於提升員工敬業度及改善績效有莫大貢獻。

身為領導者，務必瞭解如何檢驗自己的內在是否存在固有的侷限觀念，這是切換成豐足心態的第一步。一旦你把二選一的思路重新接過，換成兼容心態，便可著手探索一條充滿各種機會、可能性與無限潛能的未來之路。

「二選一」換成「兼容」

有一招能迅速幫助各位開始將豐足這門學問內化到心裡，這種訣竅甚至連日常生活中會碰到的各種最微小的狀況都派得上用場。一開始在實踐此心態時就要犀利一點，之後再慢慢縮減力道。

當你說話、書寫，甚至想事情時若是忍不住想用「不是什麼就是什麼」的二選一句型，立刻用**同時**這個詞去取代並養成習慣，看看會有什麼樣的發展。這種做法不見得每一次都有用，但在多數情況下，你會發現自己已經拓展可能性的範圍，對自身的習慣做法也發揮刺激作用，說不定會產生令你意想不到的效果。

舉例來說，下次對員工精神講話時別再對宣布「我們這一季若不是大獲全勝，就是替長遠的成長奠定基礎」。當你把「兼容」的肌肉繃緊時，反而會問大家：「我們該怎麼做才能在短期內繳出非凡成績，同時又為日後的持續成長打好基礎？」現在，你既然具備了「兼容本領」的正面思維，就會重新界定成功的定義，把餅做得更大，並且創造有利的條件，獲得更多既特別又更有創意的解決方案。這真是理想；豐足的本質為**包含與接納**，此心態本來就是要幫助你找到最棒的構想。

當大家不再受制於有所限制的途徑，也就是不必再從有限的選項中做出決定時，他們想出來的創意往往令人驚訝。假如直覺就是兼容，而非二選一思路，那麼一**切都變得可能**。一旦開始用豐足的視角看待日常的領導難題，在面對壓力時會更快適應，能針對問題找出更創新的解答，也會為所有利害關係者創造更多價值。

附帶聲明

當然，有很多情況仍然需要用二選一來反應，沒辦法完全避免。有時候用二選一來做決策也是最精明的行動；換言之，當你需要迅速、恰當並且視需求做決定時，必須特別留意哪些情況適合用兼容，哪些狀況又最好用二選一思路。當你努力融入這種新思維時，務必注意適時性。倘若你堅持隨時都要用「兼容本領」，那麼就算不至於全面運作不良，也有可能會拖累決策流程，導致效益大打折扣。

在此提供兩項對我十分有用的方針給各位參考：

- 處理容許反覆思考的實質議題時，可用豐足思維。
- 處理短期或相對微小的議題，也就是簡單回答好或不好就足夠的問題，則沒必要執著於豐足概念。

日常生活上就看你如何運用判斷力，可以看情況來決定哪一種思維模式最適合你。重點在於你是有選擇的；換言之，你不必把自己預設成稀缺模式。只要有需要，隨時可以請豐足思維上場，協助你做出能提升績效和尊敬他人的明智決定。

大概念

我們已經探討過如何從組織層次來瞭解豐足的重要性，也談過如何在日常的領導互動上切換心態。然而，大概念——也就是我從多年來領導他人的歲月中所學到的最強大領導方針為：**若要真正成功，就必須對標準實事求是，同時也要寬以待人**。頂尖領導者擅長同時做這兩件事，他們心腦並用，游刃有餘。既重視人際關係，也對績效導向的途徑很執著，因為他們體認到這兩者之間不但不牴觸，而且還相互依賴。心態真正豐足又駕輕就熟的領導者，把人和績效同時列為優先要務，而且用謙遜、勇敢又忠於自我的方式展現出來。

軟實力就是硬實力

當你開始在更多互動中發揮兼容精神專精，你會發現領導力中的軟實力就是硬實力。沒有哪一位領導者專攻單一技巧就能生存，例如專精績效導向或人脈導向途徑二選一。這兩者應合而為一，且屬於同一件事！

當你努力將兼容精神融入領導力當中時，隨著觀察到軟硬實力重疊的情況愈來愈多，你也會迸發許多靈感，促使你必須以更加縝密的做法去鍛鍊領導力。此外，你也會驚喜地發現，當你同時展現出實事求是與寬和待人的氣質時，別人給你的回應也會愈來愈正面。

讓我們貼近一點來看這個概念，想想那些對你的人生影響最深刻的人。就我個人而言，我會想到尼爾、妻子或以前幾位老闆；這些人真心相信我，但又鞭策著我拿出更好的表現。

也許你會想到父母、老師、教練、朋友或同事，某個始終支持你、相信你的人。我敢打賭，你想到的那個人在你人生中想必也待你既寬厚又實際，就像尼爾長久以來對我的幸福安康深表關切，但同時又要求我達到極高的標準一樣。他們對你的期望及他們的作為融合成豐足的路徑，幫助你提升自己的優勢。

有時候，我們把領導力看得太複雜。「大概念」其實就是要提醒各位，你可以仿效那些曾在人生中幫助過你、使你蛻變成現在的自己的那些人；換言之，你可以成為與你一起生活或工作那樣的人。你已經知道那會是什麼模樣，因為你已經經歷過。你也知道這些人在你的記憶中，他們對你的行為，其實也就是你現在應該對待別人的方式。

要領

豐足途徑就是實現更好成效的關鍵。頂尖又犀利的領導者會想辦法在大大小小的情況中發揮兼容精神。他們對標準十分堅定嚴格，同時又對涉入的相關人員十分關心。你想在當今世界實現長遠的成效，就不能選擇稀缺途徑。設法在下一次的互動中施展「兼容本領」，立即升級你的領導力，如此一來便有機會在殘酷無情的現代商業界勝出。

第十三章

Chapter thirteen

激發信任

「信任是一種可以改變一切的東西。」

—美國作家、商人和職場信任專家小史蒂芬·柯維一九九七年，小史蒂芬．柯維擔任柯維領導中心（Covey Leadership Center）執行長，協助促成柯維公司（Covey company）與富蘭克林追尋公司（Franklin Quest Company）合併。這兩家公司合併後更名為富蘭克林柯維（FranklinCovey）公司。此合併案可謂天作之合，因為兩家公司皆提供高品質的培訓與領導力開發課程，也都由一群好人攜手合作為了不起的事情奮鬥。然而，不管是什麼樣的合併案，一定會有陣痛期，這兩家公司的合併自然也不例外。

每家公司都有自己獨特的經營作風，沒有誰對誰錯或好壞的問題，就只是作風不同罷了。正由於公司之間有差異，所以合併案在推進時，不同派系之間緊繃的情緒逐漸開始發展。每一派人馬都用一種跟另一派競爭的立場去看待事情，以致於不管有了什麼樣的決定，都會引發柯維公司與富蘭克林公司這兩個陣營的嘀咕與抱怨，彷彿沒有任何事情可以讓「每一個人」都滿意，且那徘徊不去、籠罩兩家公司的氛圍之中暗指著一個問題：究竟哪一邊會「贏」。顯而易見的憤恨情緒正逐漸蔓延在各方陣營裡。

儘管小史蒂芬不負責經營整間公司，但仍被賦予領導公司最大部門的任務，也就是培訓與顧問這一塊。他有很棒的點子，也準備好積極展開行動，卻碰到一個難題。公司只有一半的人信任他的領導能力，也就是原本柯維公司的員工。

柯維公司的員工早就熟悉小史蒂芬的領導方式，也知道他會採取什麼作為把事情做好。他們親眼見識過柯維在擔任柯維領導中心執行長時的作風，他一直都是重要推手，將公司蛻變成蓬勃發展的企業。可是富蘭克林公司的員工沒有經歷過這些，畢竟他們過去從未與他共事。富蘭克林這一派不信任他——或是說還沒有機會信任他。小史蒂芬並非做了什麼壞事才失去他們的信任，但是他也還沒做任何事贏得他們的信任，所以當務之急便是採取行動爭取他們的信賴。

小史蒂芬在盤算如何解決這個問題時，他領悟到自己一直盲目地以為富蘭克林的員工想必對他過去的優良紀錄瞭如指掌，還以為自己的名聲響亮到可以取代他本人，但是並沒有這種效果，至少不足以彌補合併案的不確定性所生成的不信任鴻溝。

小史蒂芬因此有了靈感。雖然由外往裡看情況似乎很複雜，但其實很簡單。究其根本，他要處理的是信任問題。他把自身處境比喻成正在繳一筆「低信任稅」。這無關乎大家對他的不信任是否公平或合理與否；這是一個很實際的問題，而此問題拖慢所有事情。小史蒂芬體悟到這番道理，他是這樣說的：「信任是一種可以改變一切的東西。」正是因為大家在一連串新情勢之下工作已感到壓力重重，以致於始終都用懷疑的眼光看待他的決定，他得正面解決這個問題，才有辦法贏得他們的信任。

小史蒂芬抱著很大的決心，展現一連串可以建立信任的行為，進而漸漸贏得了整間公司所有人的信任，包括富蘭克林的員工在內。這一路走來，他成為職場信任領域最舉足輕重的專家，並根據此主題寫了一本鏗鏘有力之作《高效信任力》（*The Speed of Trust*）。這本書不但提到富蘭克林柯維公司合併案的成形激發他對信任議題的靈感，同時也論述了自此以後他多年來對信任的研究與實踐。

小史蒂芬在其非凡的職涯中對職場信任多有研究，他發現大部分的組織績效問題，其實都是信任議題所偽裝。通常在績效不佳的公司文化裡，會有低信任病毒感染整個組織，而感染後的症狀就是公司在許多層面上出現運作不良、冗員、離職、官僚、敬業度低落和舞弊的情形。這些問題的主要癥結點之所以不能解決，是因為領導者低估信任的影響力，把信任汙衊為某種禮遇或溫馨的社會美德，而非將之視為不容忽視的必要元素。這倒不是領導者不夠聰明或不以為意，只能說他們長期以來搞錯重點（著重於症狀，而不是肇因），明明對所有領導者來說建立信任應該是首要之務，但卻老是把件事混淆成「軟性」或次要的東西。

當小史蒂芬領悟到他正為低信任問題付出代價時，他採取了什麼作為呢？他馬上就公開宣告，要建立大家對他的信任。他做出了承諾，也信守承諾。小史蒂芬認真傾聽，對別人的想法展現尊重。結果沒想到，他為贏得信任刻意多下了一點功夫，情勢竟開始有了戲劇化又快速的改變。他因此得到啟示，原來信任與領導力是密不可分的關係。小史蒂芬說道：「假如現在有個人做出了一些成效，但是他用的方法降低信任感，那麼下次做出成效的能力就會跟著下滑。這種做法不持久。」從另一方面來看，假如你實現成效靠的是「能激發信任的方式……下次做出成效的能力就會提升」，而且你會在忽然間有了動力，能做出更明智的決定，執行這些決定的速度也會變快。

信任的商業案例

小史蒂芬的努力證明信任並不是軟性的社會美德，對組織來說它是不容忽視且富有經濟效益的驅策因子。我本身也觀察到同樣的現象，尤其是擔任納貝斯克食品公司總經理和金寶湯公司執行長時，所以才將「激發信任」作為個人領導方法的核心。

有許多證據也都支持小史蒂芬和我對信任的共同信念。《財星》雜誌選出全美百大最佳雇主（100 Best Companies to Work For）所依據的條件有三分之二都跟信任有關，因為該雜誌的研究顯示，**主管與員工之間的信任是定義最佳工作場所的主要特質**，而這些入選公司的收益是標準普爾 500 指數（Standard & Poor's 500, S&P 500）平均年報酬率的三倍。

同樣地，有一個叫做全美信用組織（Trust Across America）的倡議團體，追蹤美國最受信任的上市公司的績效表現，結果發現最受信任的公司勝過標準普爾 500 大公司。此外，一份二〇一五年由互動機構（Interaction Associates）所做的研究則指出，相較於低信任度公司，高信任度公司有高於二．五倍的機率成為高獲利組織。

就連美國三軍部隊，即肩負保護美國安全崇高任務的單位，也深刻體認到信任對於領導力的重要。鮑伯．麥當勞的領導職涯輝煌顯赫，不但做過寶僑公司總經理、執行長並從董事長職位退休，也曾擔任過美國退伍軍人事務部第八任部長，他正是從軍隊開始發跡，後來才踏入企業界與公共服務場域。鮑伯分享了一個例子，說明對武裝部隊而言，激發信任在生死關頭的戰場上有何重要：

> 在軍隊裡，你早早就會學到，唯一的領導方法便是以身作則。舉例來說，你會學到身為軍官，得先讓士兵用餐，然後才輪到你。並不是因為快斷糧的緣故，而是你要

向士兵展現出——至少是象徵性的——他們的性命比你的重要。

上述等手下弟兄先用完餐的舉動看起來是一件小事，卻對激發信任發揮很大的助力。這種實踐做法正是個好例子，不只示範了「如何」建立信任，同時也可作為一種證據，指出軍隊對信任下了多少功夫。正是由於軍隊對信任的利害關係有強烈認知，才能將信任化為各種看似微小的日常行為，變成一種行為準則。

鮑伯又闡述了另一個類似的原則，那就是「你一定自己動手挖散兵坑*」的主張，藉此展現「實際上和象徵意義上」你願意做你要求別人去做的事情。正是透過這些以身作則的行為，用行動去示範你的信念，你才能從你要率領的部屬身上激發出他們對你的信任。想想看，要是軍隊餐廳裡沒有人跟你相挺，到了戰場上又怎麼會有人與你患難與共呢？

*依照軍事需求所挖掘的坑洞，類似單人戰壕。

信任從小處開始，進而日益壯大。它並非可有可無的東西，而是必不可少。若是沒有信任的話，組織的每一個環節都會破敗不堪，這不是誇張說法。所謂的破敗不堪可以是指比較抽象的層面，例如發生在企業裡，可能會損失利益或市占率，若在戰場上，或許會有更多人喪生。

反過來說，一旦「有了」信任，所有事情都變得有可能，包括在企業環境中實現最具雄心壯志的策略目標，乃至於軍事上於世界舞臺打了場英勇的勝仗。

顯然，當你努力培養領導這門技藝時，過程當中的每一個步伐，都必須激發他人的信任。這一點真的沒有妥協的餘地，因為你的整套領導作為就取決於信任。如果沒辦法激發信任，一切都會運作不良，如此一來你便無法製造動能，或在某些情況下，你就無法接續前輩停止作業的工作。不過幸好，信任就像多數的領導行為一樣，是一種可以學習和培養的技巧。

你必須做到以下幾件事才能激發信任：

- 尊敬所有利害關係者
- 自我聲明並且言出必行

- 培養及展現品格與能力——始終如一
- 力守高道德標準
- 以身作則
- 坦承錯誤
- 始終都能達成績效期望

你大概已經注意到第三項讓人想起高績效的兩大基柱：品格與能力。它們的重複不是巧合；能力與品格之所以是實現高績效不可或缺的要素，是因為想創造高度信任的環境，就絕對不能少了這兩個要件。管理若是得當，信任就能帶你實現高績效。正如本章通篇所闡述的，很難想像一個低信任文化能夠一直實現預期的成效。想贏得別人的信任，除了要對自己的作為（展現能力）有所認知之外，也務必說到做到（展現人品），沒有別條路可走。

尊重：信任的貨幣

從前述的幾項行為當中可以看到有一個主題貫穿其中，那就是**展現尊重**。最近《哈佛商業評論》（*Harvard Business Review*）有一篇文章也指出，員工最重視的莫過於得到上司的尊重，這種感受甚至勝過獲得明確認可、接受高瞻遠矚的領導或人才培訓。此發現跟主宰有效領導的中心思想**尊敬他人**可說是不謀而合。

儘管尊重他人並非開創性概念，但萬萬想不到的是，如此基本（應該可以說「最低限度」）的尊嚴指標卻往往遭到忽視或完全被拋開。展現尊重鮮少被刻意視為一種技巧，但應該這樣做才對。而且想充分做到展現尊重，只是嘴巴上說你尊重別人的回饋意見或貢獻是不夠的，你必須一而再、再而三地表現出來。

在我走馬上任、擔任執行長的第一天，我開著車來到金寶湯企業園區，映入眼簾的景象讓我有一種不好的預感：老舊的建築周圍布滿了鐵絲網，幾座警戒塔高高地聳立在周邊。外面到處都是雜草和蔓生植物，園區看起來跟監獄差不多。進到大樓裡面，狀況並沒有比較好：單調的土色、剝落的油漆和死掉的植物在公共區域腐爛著。全球各地的廠房也任由設施環境惡化；我知道公司全世界三十八個國家的所有營運單位，都陷入這種年久失修的情況。這對一家具有代表性的美國消費性包裝產品企業來講，實在是個悲涼的狀態。

隨著我逐漸適應執行長的角色，開始傾聽員工的心聲，徵詢他們的意見回饋。員工留任率不佳的一個重大原因，就是許多人覺得自己好像被囚禁在一個陰沉的職場環境裡。有些領導者大概不會將這種事放在心上，以為那只是員工隨口發發牢騷或小小的抱怨而已。但我認為聆聽他們內心的想法很要緊，特別是在我才剛上任的這段關鍵時期，我必須贏得他們的信任。除此之外，他們說的也很有道理，並非那種不知足的員工在雞蛋裡挑骨頭、無理取鬧的狀況。新紐澤西州肯頓的企業總部環境「確實」需要關注，全球的廠房設施也都一樣。

顯然，此時此刻正是建立信任的大好時機，我可以從這個層面切入，向員工展現我十分重視他們的觀感。相較於我們會採取的其他新措施，這反倒是個不花什麼成本、卻大大有助於激發善意的做法。

我們很快就著手進行實際的改造，包括把鐵絲網拔除、將雜草清乾淨，也重新粉刷牆壁。這些改善行動（再加上其他以人為本的新措施）馬上就為員工敬業度注入一劑強心針。績效表現和留任率都開始轉好，良性循環就此成形。當我聆聽員工的心聲，並據此採取行動回應他們的意見時，便贏得了他們的信任，進而促成更好的結果，這個好結果又激發出員工更多的信任。

我從重新粉刷油漆這種微小的事情著手，來兌現我想建立信任的承諾，然而這個小小的舉動——也包括其他幾個措施——卻在整個經營層面上啟動了持續進步的循環，並因此奠定了基礎，使我們得以在設施改善方面做得更多又更快。在我十年的任期裡，設施的升級就等於見證了我傾聽員工心聲的承諾。換句話說，我致力於改善工作環境並尊重員工的做法，將肯頓總部打造成創新求變的現代化全球總部，這成了一種象徵，顯示我擔任執行長期間在績效表現與公司文化上努力耕耘所得到的一連串進步。改善設施跟建立信任的行動劃上等號，例如清除雜草或拔掉鐵絲這類看似微小的舉動，往往就是說到做到的表現，也是一種信任的語言。這十年歲月的重大經驗教訓便是：**人們不在乎你知道多少，除非他們知道你有多在乎他們。**

表達感謝

表達感謝並認可他人的努力是展現尊重一個很重要的環節。之所以必須這樣做不只是因為那是好事，也是因為這是很重要的商業規則。表達感謝的目的說穿了就是讓別人覺得受到重視。研究也顯示，績效最高的團隊和組織都是由感覺自己備受重視的人所組成。在領導的同時向他人表達感激之情，不但會讓領導者本身更有成就感，也會產生激發信任的效果，進而在市場中獲取更好的商業成效。

在我看來，一般的領導者太過於吝嗇表達自己對他人的感謝。領導者用讚美去寵溺別人並非壞事，但感謝若是「沒有給夠」，卻會讓別人覺得有疏離感及未充分受到賞識，如此一來風險反而更大，因為這不利於建立和維持信任。不過也別讓自己流於為感謝而感謝。領導者不應該在感謝這件事上做過頭或內容空洞；以他人實際的成就或貢獻為基礎來表達你的感謝便是最好的做法。

假如你對此事顯得有點抗拒，不妨問問自己，為什麼領導者「不該」表示感謝？商場一如人生，我們不可能單打獨鬥，大家都需要幫忙。舉例來說，我失業的那段期間，發現自己欠缺建立人脈的技巧。傳授我許多經驗技巧的尼爾．麥肯納，便針對這一點開始加強我打造人脈圈的能力。

尼爾在我身上深深烙下的第一個習慣就是表達感謝，而且必須真心誠意、有機會便說出來。表達感謝逐漸成為我在求職期間的一種儀式。我按照尼爾的建言，把跟我互動過的所有人的名字都記下來，包括公司高層到櫃檯接待人員。我結束面試離開該棟大樓之後，就會手寫感謝函給我碰到的每一位人士，並且盡快將這些信寄出去。

在我覓得新工作後，我依然和許多我在求職過程中所認識的人保持聯繫，維持親近的關係，並且一直找機會回報他們。我難以忘懷當初自己就是因為感謝他人對我的支持，所以後來才能從車禍中痊癒，那次經驗我自此銘記在心。最初為了求職所採行的寫感謝函速成做法，也逐漸演變成我個人很有名的實務作為；親自寫私人感謝函給在我組織裡的部屬。

我從金寶湯退休時，算了算我總共寫過三萬多封信給各個層級、遍及每一個想像得到的部門的員工，而我們公司的員工也不過只有兩萬名而已。這些感謝函的內容可不是千篇一律的陳腔濫調，藉由這些信函讚揚員工特定的成就與貢獻，顯示我對他們的關注及注意到大家每天辛勤工作，為此我十分感激。

雖然我卸下了領導兩萬名員工的職務，不過還是維持著一有機會就寫感謝函的習慣。這種習慣一直是我擔任長字輩及以上職務的生涯當中，用來激發信任必不可少的做法。也正是因為我用這種實務做法跟人們建立了連結，所以在求職過程和領導生涯當中，我發現自己身邊有愈來愈多真心想幫助我的人，而且這些人也知道我會用同樣的方式對待他們。多年來，我也把握了許多機會回報他們對我的好。

沒有壞處

我跟領導者談到表達感謝具有簡單的力量時，偶爾會碰到反彈。有些領導者認為感謝是「不用說也知道」的事情，或覺得付員工薪水就是代表感謝。話不能這麼說，因為人都想聽到「謝謝你」這幾個字，需要感受到謝意。況且當員工把工作做好，便正正當當贏得了感謝，你為此謝謝他們，這也是沒有壞處的事情。所以請想個辦法明確表達你的感謝，或許寫親筆感謝函不是你的作風，那也沒關係，找個某種適合你、可以讓你持續去做的方法。想要爭取和維持信任，表達感謝是十分有效的途徑。

二〇〇九年那場讓我在鬼門關前走一遭的車禍，把我的人生攪得天翻地覆。在我恢復期間，寫感謝函這個實務做法所產生的力量，讓我得到很大的慰藉。當時，我已經擔任金寶湯執行長有八年之久，寫過成千上萬封感謝函。雖然我預想得到會收到一些卡片給我溫暖的祝福、祝我早日康復，但萬萬沒想到全球各地員工的支持竟傾瀉而出，把我徹底淹沒。我每天都收到來自四面八方的親筆信，這些員工不只希望我早日康復，還提到我以前寫給他們的感謝函對他們來說意義有多重大。

我傳遞給這個世界的謝意，在我最需要的時候，以十倍的回報降臨在我身上。這些信件讓我有奮鬥的力量拿出更好的表現，也讓住院期間被困在單調的病房裡覺得處處受限的我，還能跟外界保有連結。這次經驗更是強化了本章所探討的概念。一旦打好信任的地基，它一定會回報。信任是互惠且共生的，賦予每一個人——包括你這位領導者在內——力量去為美好而戰，無論有什麼阻礙橫亙於前方。信任的力量，難以盡述。

第十四章

Chapter fourteen

使命

「當你身邊圍著一群對共同目標有熱情的人，
一切都有可能。」
—星巴克（Starbucks）前董事長暨執行長霍華·舒茲（Howard Schultz）

蘿絲·馬卡力奧（Rose Mercario）是戶外服裝品牌巴塔哥尼亞（Patagonia）執行長，這間公司已經營四十年，過去十年來更是沉浸在公司獲利最豐的榮景所帶來的喜悅之中。巴塔哥尼亞不只是生意很好，而且愈來愈好，員工的敬業度也非常高，根據一位人資主管表示，他們的離職率跟同類型公司比起來可以說「反常地低」。巴塔哥尼亞成功的祕訣是什麼？馬卡力奧把這一切歸功於公司對崇高使命的執著。她在一場訪談中直言：「想留住傑出的人才，擁有一間傑出的公司，就必須激勵員工超越小我，朝著更崇高、更巨大的目標邁進，以我們公司來講，這個目標就是拯救地球。」

巴塔哥尼亞對使命的承諾，並不是用來增補公司的核心理念；這個承諾基本上就是他們經商的全部理由。換句話說，拯救地球不是一種業餘活動，也不是拿來提高士氣的妙招，這個使命本身就是該公司所作所為的初衷。他們的宣傳管道也經過精心策劃，把這個理念表達得很清楚，例如官方網站上有這樣的聲明：「環保與保育工作是巴塔哥尼亞的經營理念，不是下班以後才做的事情。」

這個使命聽起來真的很美好，美好到也許有些比較憤世嫉俗的人會用懷疑的眼光看待巴塔哥尼亞的利他主義。然而，他們努力工作，以此證明其深具環保意識的企業訊息並非只是宣傳用語。巴塔哥尼亞言出必行，設法提供員工各種可以強調自身價值的經驗。他們的員工可以請「有薪假」，去參加和平的環保抗議活動，另外公司又將二〇一七年因減稅而省下的一千萬美元拿去捐給草根環境組織，並且宣布要在二〇二五年前實現完全碳中和的計畫。他們之所以這樣做，不只是因為那些都是「好事」，同時也是因為他們見證了對員工採取這種實務做法之後所產生的強大商業效益；公司內部人資的各項指標皆一致顯示，這些做法有助於留住頂尖人才，吸引新人才到組織，又可以培訓公司各層級的人員、幫助他們進步，這些好處集結起來又進而促使公司在市場上拿出更好的獲利表現。

巴塔哥尼亞的成功正是源自於他們以崇高的使命作為經營理念，這個使命把組織的各種機制與實務做法凝聚起來，並激勵員工、利害關係者、消費者和他們所服務的社區。我個人的觀察及一些探索何種原因驅策員工、幫助企業成功的最佳研究成果，也指出一致的概念：領導者必須打造一個既可引起所有利害關係者的共鳴，又能實現經濟與社會價值的遠大「志業」。

用數據來看使命

二〇一四年《紐約時報》和《哈佛商業雜誌》（*Harvard Business Review*）聯合做了一項研究，目標是找出影響員工敬業度和生產力最主要的因素。他們調查一萬兩千多名來自各家公司與各種產業的員工，結果調查發現，使命具有驅策人們的力量。《紐約時報》在發布研究結果時披露：「從工作中找到意義和價值的員工比較有可能留在組織的機率是三倍以上，是我們調查當中最大的影響變數。而這些員工的工作滿意度為一．七倍，敬業度則為一．四倍。」數據看起來十分有力，而且還不只如此。

研究也指出，以使命為取向的公司不但員工敬業度表現優異，也十分擅長吸引新客戶。二〇一八年孔恩傳播（Cone Communications）與波特紐維理（Porter Novelli）兩家公關公司針對使命取向的公司聯手做了一項研究，結果發現百分之七十八的美國人相信，公司不該只以賺錢為目的，也必須對社會有正面影響；百分之七十七的美國人覺得跟傳統公司比起來，他們對使命取向的公司有更強烈的情感連結，而百分之六十六的美國人則願意把平常習慣購買的產品換成由使命取向的公司所生產的新產品。這項研究的結論是，消費者「需要一個喜歡你、捍衛你或為你而戰的理由，價錢和品質已經不夠看了。」

顯而易見的是，一切照舊經營的公司不再適合當今市場。未來幾年隨著愈來愈多具有社會意識的千禧世代進駐職場，這種現象會更加明顯。KKS Advisors顧問公司和世代基金會（Generation Foundation）針對千禧世代做了綜合研究，結果將千禧世代定義為「這一代勞工認為使命就是企業成功的重要基礎，也會設法將工作與個人價值觀相互結合。」

由此可見，唯有學習用一個共同的使命來整合包括內部與外部的所有利害關係者，才能取悅、吸引和留住他們；這個遠大的志業可以把大家的滿腔熱血團結起來，以共同的價值觀為準，為工作注入憧憬與活力。在豐足思維的精神之下，公司不再只著重於追求經濟價值，「意義」也是他們必追的目標。

賦予意義

鮑伯．麥當勞離開美軍之後，生涯第一次面試企業界的工作時，他其實很困惑。

該從哪裡著手呢？如何得知這家公司適不適合他？過去軍隊所交付的目標清楚又俐落，所以他的努力有一個清晰又更重要的理由為基準，但現在該如何在這個不是那麼英勇的領域，例如「消費產品」產業中找到類似的理由呢？他把網撒大一些，總共跟三十五家公司面談，確保自己能找到適合的落腳處。不過，他把一家價值觀最吸引他的公司排在最後，那就是寶僑公司。

寶僑雖然沒有美軍部隊那種極為崇高的使命，不過他們的使命就是創造優質產品，改善人們的生活；而該公司的價值觀有很多，其中包括誠信、信任、尊重個人——確實都是高尚的概念。

那天早上的面試，鮑伯跟三個人見面，他發現自己跟那三位聊得很投緣，所以十分興奮。一切感覺都對了：公司的使命跟他的價值觀吻合，未來的同事他又都很喜歡。就在快到午餐時間的時候，他們當場決定僱用他，他聽了欣喜若狂。鮑伯開心地打電話給太太，說直覺告訴自己一定要接受這份職務。她也鼓勵他順著直覺走，所以他馬上就答應了對方。他感覺到寶僑一定是個能實現抱負、賦予工作意義的職場。

他這番猜想就在那一天有人領著他去見新任總經理約翰．培普（John Pepper）

時得到印證。約翰當時負責經營寶僑百分之四十的業務（他後來成為寶僑執行長，之後又到華特迪士尼公司「Walt Disney Company」擔任董事長），他是一個要求很高的人，辦公室外頭有一大堆人等著要見他。不過，鮑伯這位新進人員卻被容許插隊，進去跟約翰簡短會面，而約翰的助理還給了一句警告說：約翰只給他五分鐘時間。

鮑伯本來以為會見到性情嚴厲、忙到一心多用的主管，結果卻恰恰相反。約翰親切地歡迎鮑伯的加入，他倆意氣相投聊了整整一小時，談話的主題從貸款到交響樂乃至於商業，天南地北什麼都聊。鮑伯完全不覺得約翰有一絲行程被耽誤的感覺或他逗留太久、超出歡迎新進人員該有的時間；他反而感受到約翰對他充滿好奇，又十分親切友善，而且所展現的真誠讓人釋然。

跟約翰談完話之後，鮑伯覺得接受這份工作的決定真是做得對極了。他至今都還記得自己當時被約翰那種「對人有強烈同理心並且力挺他人」的特質所打動，而這樣的特質是他根據寶僑的各種價值觀、原則和使命而對這家公司所具有的期望所致。這是一個可以為鮑伯賦予意義的組織，是一份可以把日常任務提升到超越世俗的工作。寶僑的長久經營之道後來也一直贏得鮑伯的忠誠與辛勤付出，數年之後，鮑伯晉升為寶僑執行長，任期從二〇〇七年到二〇一三年。

鮑伯的故事說明了有一個領導真相會隨著年復一年的過去而變得更加緊迫：領導者必須想辦法讓工作「充滿意義」。

意義是使命的引擎，它會推動和鞏固遠大的憧憬，把每一個人跟大家共同努力的「初衷」連結在一起。無論何種產業、領域和職務，也不管市場規模大小，這都是不變的真理。資誠會計事務所（PwC）的研究發現，百分之八十三的員工表示**在日常工作中找到意義**是他們的「首要」要務。資誠這項研究也得到一個結論，對於使命的看法領導者與員工的分歧愈來愈大：「商業領導人的使命以商業利益為優先，而員工則將使命視為賦予工作意義的途徑」，需要此意義才能完全投入日常工作之中。

資誠、CECP和Imperative公司共同執行的研究也進一步支持這些發現：「當今員工找尋的是一個擁有最佳條件、能讓他們覓得工作意義與個人成就感的工作經驗。」研究顯示，成就感有一部分跟「發揮影響力」有關，這有助於鞏固員工從工作上找到的意義，並且「彰顯我們的人性，是我們跟最精密的機器有所差別的地方。」

領導者的義務就是滿足員工對成就感的需求。上述的共同研究也指出，比起直屬主管或同一團隊的夥伴，員工認為領導高層可能是工作崗位上追求成就感的最大障礙。這或許不算意外，因為成就感這種事，往往要從管理階層著手。

研究結果顯而易見；在這樣一個前所未有、快速變遷的時期，沒有一絲減緩或停下來的跡象，那麼用使命來追求成就感和意義正是對此局勢既聰明又具策略的反應，領導者應當在組織中加以落實才對。

實現使命

本書的第一部分探討與「個人」領導使命連結、讓努力有依循的重要性。現在，本章的焦點則偏重在如何從組織角度清楚勾勒出更高層次的使命，這是想在當今時代邁向成功不可或缺的東西。

使命很重要，因為它所傳達的**共同價值觀**有助於員工找到**意義**和**成就感**，讓顧客對公司有更深一層的連結，進而激發和凝聚品牌忠誠度。使命取向的途徑是「所有」重要利害關係者為第一優先，但是現今的員工與顧客則是最為重要。因此，你也必須將這種途徑列為首重要務。現在各位已經對二十一世紀這種獨特的風景有所認知，那麼究竟該如何去落實，如何實現這種使命呢？研究顯示，關鍵就在於**真誠**。

真誠如何揭開使命的神秘面紗

當前企業的員工都十分有見識，他們不會憑表象就聽信以華麗行銷訊息所包裝的崇高使命；他們期望看到企業言行一致。換句話說，設計出「美好的詞藻」不夠，人們想看你用行動所呈現的使命，想感受這個使命在各種傳播管道中有什麼改變；這種意念逐漸被視為一種義務，而且是接近強制性的義務。如今，百分之七十八的美國人認為公司不該只顧著賺錢，他們期望公司也能對社會有正面影響。把這些都列入考量的話，你會如何「實現」使命呢？

世代基金會所做的研究顯示，使命只有在明確展現出「真誠」的情況下，才能驅策顧客、員工和投資者的選擇。使命雖有其真正的價值，能在市場發揮競爭優勢，但這種價值取決於真誠；換言之，真誠就是那把鑰匙，可以解開使命的力量。對此有所認知之後，領導者該如何表達真誠呢？

雖然沒有一體適用的解決之道，但用來展現誠意最常見又最有效果的方法，往往都會先從清楚界定成功的模樣，然後打造做法來評量重大創舉的成效開始做起。世代基金會指出：「使命導向的公司展現真誠的方式，就是建立清晰的目標達成、確保準備好有利於將價值觀轉換成行動的各種條件。」

有鑑於此，可以用真誠做法實現公司使命的選項或許包括以下幾項：

一、企業社會責任（Corporate Social Responsibility, CSR）：以嘉惠社會的方式經營。

二、使命取向的品牌策略：設定一個能主導公司對社會做出正面貢獻的承諾和（或）策略。

三、社會影響力：支持世界各地的社區與慈善事業。

四、品牌溝通：藉由消費者和員工關注的議題從情感上跟他們連結。

美敦力（Medtronic）的「使命與獎章儀式」（Mission and Medallion Ceremony）正是透過內部利害關係者來「實現」使命的絕佳範例。美敦力是一家有十萬名員工的醫療裝置公司，年收益超過三百億美元。他們的工作理念是藉由製作「減輕疼痛、恢復健康和延長生命」的儀式設備，「為人類的福祉安康做出貢獻」。

美敦力創辦人厄爾．巴肯（Earl Bakken）為了激勵所有新進員工，包括來自所收購的公司員工在內，並向他們宣導美敦力的使命，而發起「使命與獎章儀式」。只要有新團隊加入，不管在世界的哪一個角落，巴肯都會飛到當地跟他們暢談公司使命的重要性，並贈與每一位員工刻著公司使命宣言的紀念章。

數年後，比爾．喬治（Bill George）接任巴肯成為美敦力執行長，他還清楚記得當年巴肯送給他紀念章時所說過的話：「你在這裡工作的使命並非替自己或公司賺錢，而是幫助人們恢復健康與生命。」比爾將巴肯的話放在心上，憶起那個儀式用共同的使命把每一個人團結起來，讓使命變得更具體又充滿活力，他就覺得格外感動。另外他還想起一個很重要的啟示：「無論是工廠員工、工程技術師、業務人員還是服務人員，大家團結一條心……我們每一個人都要好好扮演自己的角色。」比爾被這種做法的影響力深深震撼，他有義務延續此儀式，所以在擔任美敦力執行長期間主持過數十次儀式。

找到更大的篤定感

史蒂芬．柯維曾經對我說過一段最發人深省的話：「如果內心有更大的『篤定感』在燃燒著，就很容易『拒絕』某些事情。』使命可以幫助你弄清楚最重要的東西是什麼；它正是應該在你內心裡熊熊燃燒的那份「篤定感」。不管是為了你個人的領導旅程，還是就整個組織來講，無論處於職涯的哪個階段，你都必須對內心那股驅策自己向前邁進的更大篤定感了然於胸，才有機會功成名就。

一旦找到那股更大的篤定感，你就可以在大大小小的狀況中靠它牢牢把握住最重要的事項。此外，它也有助於你在遭遇動亂時保持穩定。我的朋友瓊恩．維格森（Jon Vegosen）就跟我分享一個故事，生動地描述篤定感的妙用。

瓊恩是一位領導者、商人，也是芝加哥一家法律事務所 Funkhouser Vegosen Liebman & Dunn Ltd. 的共同創辦人。他跟我一樣都在西北大學打過大學網球校隊，對網球的熱愛也促使他這些年來參與不少知名網球組織的活動。二○一一至二○一二年間，他擔任美國網球協會（United States Tennis Association, USTA）董事長、主席和執行長，也接下美國網球公開賽（US Open）主席的職務。這個職位任期兩年，瓊恩決心要把握這兩年的時間大刀闊斧。

USTA 的營運使命是：「推動和促進網球運動的成長。」瓊恩認為如果把這個使命延伸，變成「透過網球激發人們的成長。」這種更崇高的使命的話，或許會更有意義。他也意識到網球這項運動背負著「菁英份子專屬運動」的汙名；對許多人來說，網球似乎是只能遠觀或難以親近的運動。真是遺憾，因為網球不但能給青少年教育的機會，還有益於品格發展、強身健體，又能培養革命情感和競賽精神，只要青少年有機會接觸。

於是瓊恩致力於提升網球形象，把網球變成人人有機會參與的運動，也就是讓網球成為「一種擁抱所有社群的廣納型運動，無論其種族、宗教、能力、社經背景、性向或政治立場。」他將球場販賣區的收益投入到資源不足的鄰里街坊，向全國青少年競賽委員會（National Junior Competition Committee）極力主張降低參賽費用，讓低收入家庭能負擔得起，並且提升 USTA 慈善基金會的形象。這些舉動都有助於落實 USTA 的崇高使命，同時也使得瓊恩在面對逆境時，有一個清晰的目標可循。有一次瓊恩碰到一個壓力很大的狀況，崇高使命正好派上了用場。

二〇一一年，身為美國網球公開賽的主席瓊恩受到天災的考驗。開幕賽原訂於星期一，結果在開打前的星期六，史上最嚴重的颶風之一侵襲紐約市，豪雨傾瀉而下，強風足以吹倒樹木、電線桿，處處都是危險。

美國網球公開賽是有電視轉播的戶外比賽，現場企業招牌林立，還有大型帳棚、椅子、長凳、旗幟，張燈結彩的十分壯觀。這種場面需要花一個月時間才能打點妥當。所有東西都已經就定位，準備星期一開賽，但現在全都得拆掉，免得被颶風打壞，之後又得在二十四小時之內把一切恢復原狀，重新再搭起來。這是非常艱鉅的任務，但所有人齊心合力地做到了，完成一個奇蹟。

瓊恩身為主席，記者請他在現場電視直播中說明他們是如何完成這件大事，在經歷嚴重的天災之後依然能做到準時開賽。

瓊恩在電視上泰然自若地回答問題，大力稱讚傑出的工作人員是真正的英雄，多虧有他們才化險為夷，同時也說明大家如何完成這件任務。訪談十分順利，就在他準備取下麥克風時，記者卻在此時出其不意問了一個「陷阱題」。「維格森先生，你難道不覺得USTA賣個龍蝦堡竟然要價十七．五美元太過分了嗎？」

記者之所以問這個問題，就是要讓瓊恩猝不及防，故意拿來比喻網球是菁英分子的運動。瓊恩本來是很容易激動的人，但這時他有USTA的崇高天職指引他度過這一關。他平靜地回答：「不，我不覺得。這種價錢跟其他運動賽事販賣區的價錢相當，例如洋基或大都會球場，價格差不多。不過我們跟他們之間有一個很重要的差異，洋基或大都會在販賣區的獲利會進到球隊老闆的口袋裡，但我們賺的錢卻回饋給皇后區等社區。」這位記者反駁不了，瓊恩處變不驚地結束訪問，沒讓 USTA 的名譽受到一絲一毫的影響。

當情勢發展有可能快得一發不可收拾之際，內心十分激動的瓊恩卻在電視直播上表現堅定，提醒大家關注真正重要的事情：運用 USTA 的舞臺來幫助人們。正是使命讓他得以度過難關。這個故事給了一個很好的教訓：有疑慮的時候，一定要回歸到崇高的天職，去找最重要的東西。

結論

想要在當今這個時代嚐到成功的滋味，領導者必須打造一個既可引起所有利害關係者的共鳴，又能實現經濟與社會價值的遠大「志業」。

崇高使命指引你的工作方向，儲備你的活力，讓你能夠努力奮鬥。這個實踐區塊必須用崇高的意圖處理，無論是從個人或組織的層次來講。鼓舞人心的志業會主宰你的領導力，將領導這份工作和共同意義相互結合，確保每一個人在面對逆境時依然持續走在正確的路徑上。

以下幾點有助於你確立崇高使命：

- 確認此志業可以實現經濟效益與社會價值。
- 以領導者的意圖、熱情、堅持和謙遜為崇高使命而戰。
- 確保崇高使命能指引組織的方向。

使命會賦予你的領導力和你的團隊力量、意義和整體性。

Chapter fifteen

第十五章

勇氣

「沒有勇氣，我們就不能持之以恆鍛鍊其他美德。
我們便無法善良、真實、慈悲、慷慨或誠實。」
—美國詩人暨民權運動家瑪雅·安傑盧博士（Dr. Maya Angelou）

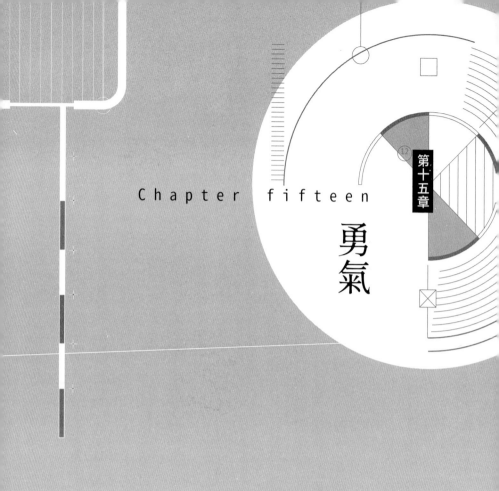

一九九〇年代早期，任何外在世界的人來看我的生活，大概都會說我看起來滿順利的。我在卡夫食品擔任策略總監，這是個不錯的差事。卡夫總裁吉姆．基爾茲是我很欣賞的上司，我就在他手下工作。工作穩定，也因為做得不錯而受到賞識。一切本來可以這樣延續下去，這樣也挺好的。整體上來講，我很快樂。

不過，我內心開始有一種揮之不去的「渴望」，一種想更紮實地做出貢獻的渴望。這種感覺剛開始只有一點點，後來變得愈來愈強烈。以我在卡夫的職位來講，我的工作就是負責給主事者建議。但我覺得自己已經準備好付出更大的貢獻，成為一個可以指揮大型團隊的人。我發現自己非常喜歡管理員工、跟同事連結，也想跟更多人交流，而不是像我們這個精實的策略團隊，只有寥寥兩、三人。

這種「渴望」終究演變成無法置之不理的感受，而且就在此時，一個令我非常感興趣的機會出現了；有人想請我擔任納貝斯克的部門經理。這個職位可以讓我用嶄新的方式發揮能力，又能鞭策我進一步拓展自己的領導能力，正好如我所願。另外，此職務也附帶一項十分吸引人的挑戰，那就是納貝斯克歷史上最大的融資收購案之後，公司的改造行動即將展開，這讓我感到非常振奮。但我明白我得告訴吉姆自己要離職了，這個決定實在不容易，我必須跟我十分尊敬的人開口談這件我不知該如何啟齒的事情。.

吉姆是最早在我被開除後願意給我機會的人之一，我們一直以來也合作無間。跟著他做事我成長很多，他也用各種方式鞭策我，我每天都看得到自己的貢獻所產生的影響力。對此各位也許會納悶，那我為什麼要離開這家公司呢？這是因為，我心中那抹最初還很朦朧模糊的「渴望」，隨著日子一久逐漸變得清晰起來，最後聚焦出「我沒有成就感」這個結論。

好消息是，因為我做了該做的省察、學習和功課，所以對自己是誰、有什麼信念瞭如指掌，也明白自己有多麼渴望進一步應用能力與經驗。多虧了這種紮實的地基，我知道自己想做更多事情。

恐懼的另一端

各位或許聽過這句箴言：「你想要的一切就在恐懼的另一端。」這句話正好適用在這種情況。我心知肚明，要想發揮我的潛能，做到順應我心之事，就必須先面對吉姆。我的未來就在不遠處，就在我跟吉姆這場對話的另一端。

一如我的預期，當我把事情告訴吉姆時，他十分不悅。這不只是公事，更是私人層面的事情。我跟吉姆的關係很親近，所以他也暢所欲言，對我的選擇表示他的不苟同。但是我必須順著直覺走，抓住這個新機會，於是我離開了卡夫，加入納貝斯克團隊。這是我在整個職涯當中做過最關鍵的一個決定。這個決定標出了我的職涯進程：後來我又當上納貝斯克食品總經理，這個職位為我打好基礎，使我之後有能力擔任金寶湯公司執行長及雅芳公司董事長。

離開卡夫加入納貝斯克是正確的決定，儘管過程並不容易。要是我沒有做過藍圖六步驟、從中得到勇氣的話，我想我沒辦法做到。那個當下——還有日後碰到的許多情況中——我所學到的教訓是，想做你覺得對自己和對他人來說是正確的事情，就必須設法培養勇氣，但不是將之視為可有可無的個性特質，而是當作領導技巧來鍛鍊。沒有勇氣，你便無法蛻變成你想要成為的那種領導者。

另一個考驗

在加入納貝斯克的面談過程中，我的勇氣再次受到考驗。部門經理一職確實合我心意，這份工作充滿艱鉅的挑戰，但同時也是我成長的機會，真是完美。不過，我雖然很想得到這份職務，我卻沒有迫切「需要」它；畢竟我當時還是卡夫的策略總監。

我在納貝斯克最後一次面試是跟雷諾－納貝斯克公司（RJR Nabisc）赫赫有名的董事長路易．葛斯納（Lou Gerstner）洽談。面試之前我以為這只是一場十五分鐘走走形式的談話而已，結果我大錯特錯！路易有意要我使出看家本領，所以一手主導了一場很難應付、足以把人撂倒的面試，而且時間一拖再拖，完全出乎我的意料之外。他要的不只是跟我講講話而已，他想跟我激烈討論從食品界勝出需要付出什麼代價，過程當中甚至有點敵對的意味。

路易在差不多二十分鐘的時間裡，用了許多聽起來很像指控的問題轟炸我。「你覺得你有什麼資格可以做好這份工作？」他問道，想藉此探出我的實力，而且他看起來好像覺得我沒那個能力。起先我還盡量維持禮貌，一邊努力保持冷靜，同時盡我所能設法解決這種情況。但我忍得愈久，他就愈是跟我唱反調。

最後，我終於忍不住了，這不是我先前想加入的感覺，而且整個狀況也變成為反對而反對了。無法再冷靜的我說道：「路易，抱歉，但不過說到食品界，你根本不知道自己在說什麼，況且我也不是真的很需要這份工作，所以如果你覺得我不適合，那也沒關係。」我正準備要離開會議室時，路易一臉驕傲地笑了起來。「道格，」路易說道：「我剛剛一直在想你要花多久時間才會鼓起勇氣表達你的想法。」從這一刻起，我跟路易的對話轉變成友善的氣氛，最終我也確定拿到這份工作。

到頭來，路易一副好鬥的模樣其實都是為了要故意刺激我，確定我有自己的觀點作為穩固基礎，能夠捍衛自己的立場。換言之，他想確認的是我具備該有的骨氣，這樣才能領導一個部門渡過衝突。在那個當下我清楚看到，如果我想在企業界提升自己的優勢，光是緊緊把握自己的信念還不夠，也需要有勇氣在受到嚴密審視的情況下表達和捍衛信念。那天我從路易身上學到寶貴的一課：擁有強大的地基只能算成功了一半，你還必須有勇氣去跟別人分享這個地基。

勇氣是所有技巧的根本

本章以瑪雅·安傑盧的名言作為開場，這句話暗示真正的領導能力取決於你培養勇氣的能力。如果沒有先增強勇氣，就很難培養其他技巧。勇氣就是具有這種「根本」特性，成功領導所需的一切美德皆由此「源頭」衍生而出。

更重要的是，勇氣的強度由地基的力量所決定。

假如你沒有牢牢把握自我和信念，便無法在最重要的時機點為自己和他人挺身而出，也難以做出大膽的改變或艱難的抉擇。我正是因為有地基作為後盾，所以才能鼓起勇氣離開卡夫，迎向那等著我去探索的領導人生。

這實在不容易。

沒錯，在勇氣的概念基礎之上，我才有辦法坦白說這真的不容易。鼓起勇氣是很困難的事情。

勇氣不是簡單、有跡可尋的，又常常受到曲解。所謂的勇氣並非莽撞或衝動，也不是無所畏懼，而是恰恰相反。勇氣真正的含意是一個人即使面對各種考驗、心中感覺到人類特有的情緒，例如不確定性、焦慮，當然還有恐懼等，也依然直視著眼前的複雜性向前邁進，把任務完成。這表示就算聞到煙味，還是朝著火焰奔去。此等膽識非同小可，這也是有時候我們為什麼必須仔細觀察才能從別人身上找到真正的勇氣，還有我們往往很難在自己內心裡找到它的原因。但是，如果能用自律和持之以恆的心態去試試看，就可以找到勇氣的存在，各位一定要試試看！

用務實的目光看待勇氣

可想而知，當我們想到勇氣時，腦海裡浮現的往往是它最英勇的呈現，例如在戰場上打仗、情勢危急萬分之時。想到勇敢的舉動，便聯想到武裝部隊的軍人，這也是自然而然的事情，畢竟軍人是為了行更大之善而無私地冒著生命危險。表彰軍人的服務精神與犧牲是好事，對他們表示敬佩和尊重也是應該的，但就日常生活來講，身為領導者的我們不宜將勇氣拿來稱頌。原因何在？因為我們非常需要用務實的目光看待勇氣，而且是從日常現實的角度去看。

就算在日常生活中不必面對生死攸關的危險，但我們身為領導者、朋友、家長和社區裡的一分子這些比較世俗的角色，還是需要有善用勇氣的能力。我們或許不是面對戰鬥的戰士，但如果希望在自己所在乎的任何事上變得卓越，那麼無論在人生中還是職場上，我們每一天都必須喚起勇氣。

我們的工作雖然未必有迫在眉睫的危險，但始終都有部屬把生計託付在我們身上，就像我們也把自己的生計託付在他們身上一樣。換句話說，我們需要彼此。因此，如果想為別人挺身而出，真正幫上忙的話，我們就必須勇敢起來。

利用勇氣實現領導力

究竟勇氣對領導力來說有何重要，請先思考一些深受讚揚的模範領導行為（僅在此列出一部分）：誠信、真誠、對標準實事求是、寬以待人、追求績效的熱忱和清晰的頭腦。如果我們不能鼓起勇氣實踐，恐怕無法體現出這些行為。

以「誠信」領導：

即使情況艱難或吃力不討好，我們還是必須鼓起勇氣為自己的原則挺身而出。這並非易事，卻是培養品格與能力不可或缺的東西。

以「真誠」領導：

我們必須鼓起勇氣用真正的自我跟他人互動。有時候這也意味著此版本的自我沒有經過排練，也沒有經過修飾。以這種嚴酷的方式展現自己敞開心胸、讓別人看到我們的脆弱，有助於我們贏得信任，因為我們容許利害關係者看到我們「真正」的樣子並以此連結，使我們顯得更平易近人。

以「對標準實事求是」的思維領導：

我們必須鼓起勇氣刺激別人拿出更好的表現，並清楚表達別人是否達到我們的期望；這也表示會有一場（或兩、三場）不愉快的對話等著我們。

用「寬以待人」領導：

我們必須鼓起勇氣卸下心防，以該有的慈悲心領導，才能瞭解別人的心聲、情況、目標和需求。這意味著要有「不」採取任何行動的勇氣，只需單純傾聽他們的想法。

以「熱忱」領導組織追求使命：

我們必須鼓起勇氣多投入一點私人感情到業務之中。當我們宣告達成優異績效的重要性，並用比日復一日在職場上做著單調工作更崇高的使命加以連結時，就是幫助大家在工作上找到意義。我們對工作的熱忱有助於將熱血精神散播到組織和社區。

以「清晰的頭腦」領導：

我們必須鼓起勇氣適時給予直接的意見回饋，即便這樣做會令人尷尬。我們應該讓別人知道他們必須做到哪些事及他們所處的狀況。

把勇氣當作實踐做法

由此可見，有效領導的核心迫切需要勇氣，所以我們應當將勇氣當作一種技巧，也就是領導力開發的一環，如同我們鍛鍊其他重要能力的方式。瑪雅・安傑盧的名言之所以鼓舞人心，正是因為她恰如其分地指出勇氣是一種「實踐」，只要我們願意刻意為勇氣下功夫並一再琢磨它，這也意味著我們可以培養勇氣，然後再加強、拓展它。勇氣，必須靠我們「實踐」。

請發揮藍圖的小步驟精神，只先專注在本週你對自己所碰到挑戰有什麼樣的反應開始，作為勇氣的練習活動。

你是否一直在迴避某項任務，或拖延跟某人的對話？特別留意你想避免這些事情的本能，並轉而選擇著手處理。跟對方談一談吧，或寫封電子郵件，直接解決問題。

實踐勇氣並非僅限於直接面對那些令人不愉快的事情，用更恰當的做法表達感謝或跟別人更深入地互動也是實踐勇氣的一種。你是否一直很想表揚某人所做的貢獻？就明天吧，寫一封誠摯的表揚信給他們，強化你重視的人所展現的正面行為。下次碰到類似狀況試著把握當下。當我們持之以恆實際去選擇勇敢的回應，那麼勇氣就會變成習慣，而這種習慣的力量就能改造我們的領導力。

一步就好

數年前我正在歷經藍圖精進步驟的階段時，僱用黛柏拉·班頓（Debra Benton）這位備受敬重的領導教練來協助我。我想用一種不是那麼嚴格但又依然能忠於自我的鞭策方式提升自己的影響力。所以我跟她相處了一天，請她為我指點迷津。

黛柏拉注意到，我在跟別人對話時，往往會拉開自己跟別人之間的距離。她鼓勵我向別人靠近一小步——只要一步就好。黛柏拉解釋說，拉近實際距離也會連帶拉近情感上的距離，讓別人更自在，也能讓我跟別人有更好的連結。雖然這聽起來是無足輕重的小事，對我這個內向的人來說卻非常彆扭，因為我不想去「侵蝕」別人的私人空間。

不過幸好，我想做得更好的渴望凌駕於焦慮的情緒，所以我決定放手一試。結果這個舉動改變了一切。就光是做了這個小小的調整，向別人靠近一步，便對我的領導力產生不可思議的改變。從那時起，這一小步改善了每一次我跟別人的互動過程，使我得以用更深刻的方式跟別人交流。選擇找那些讓你害怕的事情去改變，小小的做法卻發揮很大的效果，就能產生這種力量。

你可以採取的一小步是什麼呢?就算是向前跨出一步這種看似微不足道的動作,都是有機會開啟能力與影響力的實踐做法。而所謂養成勇氣的習慣,其精神就在於此。愈是能夠自然而然地去選擇探索和發揮好奇心,戰勝心中的焦慮與迴避本能,你的領導力便會愈來愈出色。

第十六章

Chapter sixteen

誠信

「真正的誠信是做正確的事情，

即使你知道沒有人知道你做了什麼。」

—美國媒體大亨暨慈善家歐普拉．溫芙蕾（Oprah Winfrey）

二〇〇一那一年，我在風雨飄搖的氣氛中走馬上任，擔任金寶湯公司執行長。公司績效不振已經好幾年，職場文化也明顯有問題；在總部大廳就可以「感受得到」那種不滿。總部大樓外兩側圍著鐵絲網又雜草叢生，此陰沉淒涼的景象象徵著這家企業目前的狀態，員工士氣也十分低落。不過，還是有一絲曙光；我相信這家代表性企業有它的潛力，因此準備了一個計畫來扭轉情勢。

金寶湯大多數的員工都是好人，希望自己有所貢獻、成長茁壯，就像大部分組織裡的情況一樣。但是，這家公司的問題積習已久，除了缺少能幹的領導、信任度下滑，有利於員工盡全力做好工作的條件也都消失殆盡。我知道如果領導階層可以向在此奮鬥的員工表明公司對他們的看重，他們一定會重新重視公司，我們便可一起攜手導正這艘大船的航向。

這一切說穿了都要歸結到信任問題，就跟領導力的其他環節一樣。對於建立信任這件事，我得小心謹慎再加上決心。在沒有任何鐵證的情況下，別人憑什麼相信我會有什麼不同，憑什麼相信我會說到做到？我必須證明才行。即便我夠資格，在長字輩職務上也有表現出色的優良紀錄，但公司請我來當執行長多少有點「孤注一擲」的味道。我通過了董事會那一關，拿到了這份工作，但接下來我得說服底下的每一位員工。

我能贏得充分信任的第一個好機會，就是我擔任執行長的幾個月後、公司在費城所舉辦的第一場全球領導大會。來自全球各地分公司的三百五十名主管會在這一天齊聚一堂。我打算做好準備，為我們的逆轉計畫和公司憧憬定下基調，使之順利發展。我準備要告訴大家的不光是我希望大家要完成「什麼目標」，也包括了我打算「如何」領導他們，還有我熱烈期待他們的加入。另外我也特別準備了領導誓言，以便從第一天起就把「當責」植入我的——和其他所有人的——領導行為當中。這份誓言列出了十項簡潔扼要的承諾，指出我計畫如何管理自己且衷心期望其他主管也能以同樣方式來管理自己。這份誓言的用字遣詞經過我精心挑選，每一字每一句代表的正是我可受公評的行為準繩。

事關重大；跟眾人分享這份誓言，並且持之以恆履行，如此才能毫無阻礙地建立信任。從個人層面來看，如果我不激發信任，個人的領導力也將無疾而終。以組織的角度而言，假使我們不對公司向心力強大的領導團隊成員激發信任，金寶湯的命運同樣也危在旦夕。

也因此，我嚴正看待這份誓言（左頁圖16.1），打算用每一個字呈現我的忠實。為了替全球領導大會這一天增添一些戲劇化效果，我們特別安排了一個開幕驚喜。等到

我向各位發誓

1. 我們會用尊重和公平的態度對待各位。
2. 我們會打造一個以開放、誠實又致力於卓越表現為基準的高績效和高信任度文化。
3. 我們會致力於充分瞭解各位的工作情況與生涯抱負。
4. 我們會致力於協助各位學習、成長，並且一展事業抱負。
5. 我們會致力於清楚指明組織對各位的期望，並負責確保各位能得到該有的資源以利各位做好自己的工作。
6. 我們會表揚各位的表現並提供有競爭性的薪資報酬。
7. 我們會致力於採取具體作為持續提升各位的作業環境。
8. 我們會竭盡所能與各位分享我們對公司目前境況和未來發展潛能的評估，懇切希望能得到各位的投入與支持，我們也會負責授權各位採取行動。
9. 我們會戒慎恐懼謹守對各位的承諾，會以誠信採取行動，也會致力於言出必行。
10. 我們若是未能履行諾言，必定公開坦承我們的不足，並誠懇認真地設法予以補救。

圖 **16.1**：我的誓言

會議接近尾聲之際，每一位主管會收到一張我親筆簽名的誓言影本，我也會在閉幕式的談話中朗讀給大家聽。但很可惜，我還來不及跟大家分享我的誓言，其中的兩項誓言就已經受到考驗，而且竟然就在我初次與來自全球各地的領導團隊相處的這一天。

我邀請了兩位嘉賓擔任講者，加入我們的會議。這兩位在各自領域都是備受敬重的人士，對他們的工作我也十分熟悉。我沒有特別給他們什麼指示，但希望他們能談一談各自的專業領域，我想這可以為當日的活動補充不少精彩內容。他們在早上演講，幾個小時後的下午預定由我來發表誓言。

遺憾的是，我請來的這兩位講者竟然在演說中出現歧視言論。一位不經意地以輕率的態度談及職場女性，另一位也對工作中的多元議題抱以同樣的態度。當兩位在演說時，我感覺到現場瀰漫著一股尷尬的氣氛；這可不是好的開始。

我誓言裡的第一項承諾就是「我們會用尊重和公平的態度對待各位」，最後一項則是「我們若是未能履行諾言，必定公開坦承我們的不足，並誠懇認真地設法予以補救」。在我親自邀請下前來參加我第一場會議的講者，竟然讓大家覺得「不受尊重」，這跟我稍後準備向大家做的承諾形成鮮明反比。情況真是尷尬無比，有些人在午餐時間來找我，委婉地告訴我他們心裡的不舒服。

儘管我事前對講者的演說內容一無所知，但還是犯了大錯。把這種情況優雅地處理好，是我身為領導者的責任。我覺得壓力很大，假如回應的方式跟我的誓言不一致，那麼即便我還沒開始採取行動，也勢必會損及我激發信任的能力。

我做了深呼吸，打起精神。雖然沒想到考驗這麼快就降臨，不過我前方的路清清楚楚：只要忠於我的諾言，確確實實擔起責任。於是，我調動了會議的議程，午餐過後我們重新集合，先對整個團隊發表我的誓言——比原訂時間提早進行——然後直接開誠布公，說明早上的情況。我說：「此時此刻，我承諾要尊重各位，但我注意到早上的演說內容讓有些在座者感到不受尊重，我要為此負責，並向大家致歉。」

最重要的是，我保證不會再讓這種事發生。當時我告訴大家：「我可以向各位保證，我要是犯了錯，『一定』會承擔責任，想辦法迅速更正，並且確保自己下次不再犯同樣的錯誤。」當務之急就是立刻且沒有一絲模糊空間地展現出我的領導作風首重誠信。那個當下，我若是守不住自己許下的承諾，恐怕還沒開始扭轉公司局勢，我就已經失去他們的心。但是謝天謝地，我有可以依循的誓言，使我能夠在公開場合忠於自己，而才得以在那一天開始建立信任關係；這是一個轉捩點。

接下來的十年，我們在金寶湯改造了全球領導團隊，重新配置專案組合、縮減成本、徹底改革文化、打造嶄新的成長途徑、進行完整的策略投資並大大提升獲利表現。另外，我們也促使員工重新對自己工作的地方感到驕傲。員工敬業度在我任內從原本為《財星》雜誌五百大公司的排行墊底，爬升至被蓋洛普（Gallup）公司評為具有世界級表現。

整體來講，我對自己這十年來在金寶湯執行長任內的歲月感到十分自豪，我們達成了許多成就。要是第一場全球領導大會那天的情況有了不一樣的發展，要是我沒有承擔過錯，後來事情究竟會變成什麼樣子呢？

言出必行

我之所以要跟各位分享這個領導誓言的故事，是要闡述在公開場合做到言行合一的重要性。雖然多數人都認同，一個人應當履行他口頭上的承諾，但我發現能做到的人其實比你想像中的少。

行動至上、沒耐心做口頭承諾，僅重視成效的領導者，我想大家都見識過。這樣的領導者往往會義憤填膺地說：「講了什麼不重要，『做』了什麼才算數！」字裡行間所傳達的概念深得人心，我也十分懂得這種情操。承諾若是沒有行動作為支撐，也只是空洞的言語。不過就我的經驗看來，其實言和行都重要；這兩者缺一不可，同等重要。

誠信就跟豐足一樣，不是一種「二選一」的論點。若要展現誠信，就必須先說你打算怎麼行動，然後言出必行。換言之，你應該先將重要的事說出來，然後去「做」這些重要的事。你應該先告訴別人你打算把組織帶往何處，然後實際率領他們朝那個目標前進。行動是很關鍵沒錯，但如果沒有承諾作為行為的準繩，那麼這些行動的威力就會打折扣；也就是說，你的信念和行動方式若是少了依據標準，便難以判斷你是否真以誠信行事。當別人可以透過明確的做法評估你的品格，自然就會更容易信任你，並遵循你的領導。

如此一來，你便可掌握控制權，並且能界定自身的領導方針。這一切取決於你；你決定如何行動、你決定哪些不可妥協、你決定哪裡要劃下界線、哪裡又有彈性空間。如果你之前還不是很清楚自己願意又有能力做哪些承諾，現在可以透過藍圖六步驟找出來。

自我聲明

當你秉持著用承諾當作行為準繩以受公評的精神找到某些方針之後，務必將這些方針跟別人分享。理想狀況下，應該向他人傳達你打算如何行動，然後貫徹始終。

如果你已經完成了「五日行動計畫」，表示你已經充分檢驗過我稱為「自我聲明」的試驗版效果。這個實踐做法是我個人在領導旅程中用過最有效果的工具之一。它不但加強我做出成效與建立人脈的能力，也有助於我以身作則，把重視誠信的領導作風散播到我率領的組織之中。我們想在部屬身上看到什麼行為，就應該身先表率，就像甘地那句名言勸世人「成為你想在世上看到的改變」一樣。這便是誠信的意義：假如我們自己不能致力於成為人品高尚、能力高強的領導者，便難以指望能培養出具有高尚品格、能力高強的員工。

自我聲明是我認為最有效的方法之一，不但能給別人一個判斷我值不值得信任的基準，也可以用來打好基礎，以利於建立正面的職場人際關係，並且幫助我身先表率，展現出我想在整個組織看到的行為。

這個做法是我在納貝斯克設計出來的。像我這樣內向的人，要我主動告訴別人自己的事情、表達哪些事情很重要及告訴別人是什麼樣的資歷造就我能夠勝任主管職務，實在非常彆扭。但我很清楚，在鍛鍊領導力的過程中，把我自己——也就是「完整」的自我——投入進去是關鍵任務。我需要用某種方法，更有效率地建立人脈，才能真正跟別人連結。這就是我為什麼要塑造「自我聲明」這個實踐做法，因為我一直是個重視流程的人，這種做法會讓儘管內向的我，有簡單的流程可以依循，做我一定得做到的事。

此實務做法的前提很簡單

跟你一起工作的人沒有讀心術，你絕對沒辦法假設他們會懂你的意圖，但可以確定的是，他們因為缺乏其他有助於瞭解你的資訊，就會仔細觀察你的行為，從中判斷你的品格與能力。此時，他們的腦海裡就會開始浮現出一套關於你是什麼樣的人、你有何作風的故事，無論這個故事內容正不正確。在沒有規準的情況下，他們用自己隨性的觀察和感覺，來評斷你是否值得信任、是否有誠信。

同樣地，隨著工作上的人際關係慢慢發展，你對他們的印象也會開始在內心成形。在關係的初期階段，生產力往往停滯不前或上升得很慢，因為雙方都在想辦法探對方的底，想解開「謎題」，找出對方究竟是什麼樣的人。有時候雙方得出的結論並不精確，還有一些時候，誤解可能會造成某一方或雙方難以推進企業目標，這些都不是好現象。

但你不必讓事情發展到這個地步。只要直搗黃龍、自我聲明，你就可以控制在自己和對方腦海裡成形的故事應該是什麼樣子。這種做法可以快速啟動彼此之間的關係，讓你和他人能夠更深入地瞭解彼此，進而踏上正確的軌道。

其運作方式如下：我跟某個人初次合作的第一個小時，會先做自我聲明。我騰出一個小時的時間，來個一對一的會議，目標是除去我和對方在工作關係當中的神祕色彩。我認為與其剛開始一起合作的頭幾個月都拿來思量彼此間有何期望，倒不如直接把這個問題挑開來解決會有成效得多，往後我們就可以更快速又更有建設性地著重在手邊的各種挑戰上。

那麼，自我聲明時應當表達哪些事情呢？**只要是你覺得切身有關的事情**。

在這場面對面的會議，我會用 PowerPoint 來簡介「自我聲明」文稿，並在這份文稿中宣告以下事項：

- 我認為重要的事情
- 我想成為哪種領導者
- 我在組織裡重視的事情
- 我想在部屬身上尋求什麼特質
- 我對我們所屬產業的運作有何看法
- 我的計畫哲學
- 我的作業風格
- 我的背景與資歷
- 我最愛的名言
- 你可以對我有什麼期望
- 我對你有何期望

這個自我聲明的會議到了尾聲時我會這樣說：「我無非就是想花一小時的時間跟你分享我打算採取什麼作為及這些作為背後的動機。如果我言出必行，我想這就表示自己值得你信任，但如果我言行不一致，想必你就不會信任我。不過無論如何，我都把我的底牌攤開來給你看了。」這種做法設下了界線，能夠導引我的新同事對我的觀感。假如我謹守循規蹈矩的處世之道，他們便知道可以繼續信任我，我們就能繼續面對接下來的挑戰。

之後我一定會邀請對方再開一次會，請對方跟我分享他們的個人哲學、工作方式和信念，但並不是每一個人都願意接受我的邀請。不過，只要他們願意，此舉往往能讓我們雙方的工作關係向前邁進一步，而且多半會因此提高績效。

舉例來說，我在納貝斯克工作的時候，正是因為有這種開誠布公的做法，所以某一位主管在他到任第一天就來找我做自我聲明。他被我直率坦言的態度所啟發，向我透露他最近剛離婚的私事。身為兩個兒子的父親，他努力做到不缺席孩子的成長，儘管隨著離婚的進行而使得孩子的監護事宜有了複雜的安排。為了能陪伴孩子，他說如果能在工作時程上有彈性空間的話，他會十分感激。他誠摯地望著我，然後告訴我他的陪伴對孩子來說有多重要，同時也承諾無論行程做了什麼彈性安排，絕對不會影響到他做好工作的能力。我信任他，所以便同意了。他是一位很有才幹的主管，我相信他。

現在，我們兩個都得到機會向彼此證明各自的誠信到什麼程度。因為信任他，所以我有機會證明自己正在履行以公平待人的承諾。而這位主管也多了更多動機去把工作做得更出色，以此證明他沒有把我的寬容當作理所當然。我們兩個都通過了這場考驗。他在我底下工作的期間，總是能為公司創造搶眼的績效。由於我們老早就對彼此自我聲明，所以我一開始便能滿足他對彈性空間的需求，而達到雙贏的效果。我為他付出更多努力，然後他又回過頭來一再地為我們公司投入更多心血；自我聲明的力量就是這麼強大。基於遵守諾言而產生的連結，只要花心思加以關照，就不會隨著時間過去而受到侵蝕。這種連結反而會因為每次某一方以誠信行事而變得更加強韌——並且一直持續增強。

這種做法為何有效

自我聲明透過兩種重要方式發揮效果。首先，這種做法會從內而外散播信任。當你以身作則，展現直率與開誠布公的態度，別人也會對自己的工作需求坦承以告，並且在具備所有必要資訊的情況下繼續合作無間地與你工作。自我聲明是人際關係的催化劑，可以化解神祕色彩，增進同事之間對彼此的瞭解。

其二，這種做法可以讓你對自己問責，促使你恪守自我聲明時所做過的承諾。基於這兩個層面，自我聲明就成了我的領導方式不可缺少的環節。各位不妨試試看，我有信心這種做法一定能加深你的職場人際關係，拉近你跟別人的距離，同時也有助於你培植人品高尚、能力高強的團隊。

不容妥協的事情

自我聲明的概念除了適用於贏得員工與同事的信任之外，也很適合用來建立和維持客戶對你的信任。換言之，公司必須向外界的利害關係者宣稱自身所支持的理念，然後履行這些承諾。World 50 這家公司就充分做到這一點。

World 50 是由全球知名組織的資深主管所組成的私密社群，他們私下相互交流各種構想與解決方案，共同探索媒體、競業與招攬資訊。公司自二〇〇四年成立起便大鳴大放，而且成功的榮光持續閃耀，每年都吸引新成員加入。該公司的社群成員皆是世界頂尖的全球型公司，其中大多為《財星》雜誌前五百大公司的高層和長字輩主管，他們受到嚴密保護，沒有人知道他們的身分。

基本上，隱私正是這個社群的魅力所在。它的官網只有單一頁深黑背景的登陸網頁（landing page），沒有其他點綴，訪客只能在頁面上看到一段說明文字和一個電話號碼，這是故意設計的；隱私具有誘惑的效果。World 50 極力守護他們的論壇、會議和成員的細節資料，因此參加這個社群的領導者可以盡情交換構想、暢所欲言，但不會有任何資訊走漏或引來負面的報導、評斷和惡性競爭的風險；也就是說，這是一個零風險空間，可以讓同儕自由發展與成長，專為「資深」領導者所設計。

World 50 嚴密監督和捍衛他們商務開發行銷的保密原則。所有的對話皆不公開，公司也不會為了招攬更多生意而廣為散播他們所吸收到的成員或公司的背景資料。成員間的對話不會外流，滴水不漏。

如何設計出 World 50 獨特的價值主張？執行長大衛．韋基（David Wilkie）表示，祕訣就是以「不容妥協的事項」為前提基礎，發展業務。乍聽之下似乎跟平常的認知相反。很多企業在剛起步的時候，面對可能的潛在客戶和員工，往往滿腔熱血地想用各種方式對他們說「沒問題」，但韋基及其團隊卻採取相反的行動方針。World 50 一開始就把每一件他們會明確「拒絕」的事情定下來，然後以這些事項為基準來制訂行銷措施。由於常見的銷售或業務開發戰術往往就是靠打破規則來吸引新客戶，所以World 50 這種做法呈現的是一種獨特的挑戰。舉例來說，業務人員一般會透過降價、談成一筆別人得不到的優惠交易、針對已經講好的承諾或標準給個例外，可是World 50 不這麼做。對客戶來說，World 50 最令人折服的價值就在於無論處於什麼情況，他們對於某些事情絕不妥協。

公司在成立之初，就已經確定了他們不給彈性空間的根本原則，而這個根本原則後來也變成最吸引潛在成員且不容妥協的規則。此規則為各個社群的成員在所屬領域必須是公司職位最高的主管，以參加人資社群的資深領導者為例，他們全都是組織中掌管全球人資業務的最高主管。另外，這些最資深的主管若報名參加電話會議或一般會議，絕對不能指派部屬或代理人來參加，也就是說這些主管必須親自出馬。如此一來，假設公司現在舉辦一場全球人資主管的論壇，那麼每一位參與者都知道自己交流的對象一定是同一層級的同儕。

這種做法可以透過三種層面發揮功效：

一、可提升對話品質；因為每一位主管的經驗與見識必定具備相提並論的水準。

二、可保護對話的神聖性與隱密性；親自出馬意味著討論的內容不會有機會變成八卦消息，也不會走漏風聲或傳出流言蜚語。

三、可增強領導者投入同儕社群的價值；對不少參加社群的主管來說，他們時間相對來講比金錢還寶貴，所以為 World 50 任何一場活動付出時間參與，可以增強他們在同一社群間的價值。

大衛．韋基把 World 50 的成就歸功於公司成立之初便確立不容妥協的事項。另外，他認為公司之所以能不斷成長，憑藉的是他保持警惕，設法「從內部管理客戶與員工之間因為有人不斷試圖破壞規則而形成的爭戰」。無論大家有多麼重視這些不容妥協的特殊原則、有多珍惜那些加入社群後所獲得的洞見，不免還是有人想「變通」一下規則，有時候為了越線會想辦法施壓。「就這一次嘛，我可以請代理人替我參加電話會議嗎？」答案永遠都是「不可以」。這就是為什麼 World 50 能夠保護商譽，持續擴充這個以商業界最富經驗又備受敬重的資深主管所組成的社群。他們用堅定的誠信態度面對不容妥協的事項，而公司正是靠著這一點才能在市場中獨樹一格。

從這個故事可以看到，誠信有時不容易覓得。若想在市場脫穎而出，除了透過內部溝通管道去遵守你的諾言，也可以藉由確立不容妥協的事項，並將之有效地傳達，再以幾近戰鬥的精神恪守這些事項。

你和你的團隊可以腦力激盪出哪些不容妥協的事情？你可以從哪些地方切入，不只是你願意做的事情，也要從你「不願意」做的事情著手，把自己的立場表明得更清楚並且為客戶創造價值？這些問題值得思考，對誠信層面的探索很有益處。

坦白認錯

我妻子的祖父R．T．約翰史東（R.T. Johnstone）負責經營達信保險經紀公司（Marsh & McLennan）、這家當時全球最大的保險公司位在底特律的辦事處。R．T．年輕時便是個堅持不懈、工作勤奮的人，一心一意想闖出一番名堂。連續十年，他不斷地拜訪福特汽車公司（Ford Motor Company）同名創辦人亨利．福特（Henry Ford），向他賣力推銷長期團保方案的構想，為他的員工提供低成本保險。亨利也一再拒絕他整整十年。後來，R．T．總算走運了。一九三九年亨利．福特退休，換他兒子艾德索（Edsel）接手公司。

樂觀謹慎的R．T．預約會面時間，準備向艾德索推銷團保方案。他雖然滿懷希望，但還是做好了可能又要像過去十年來每次見面洽談後都會被回絕的心理準備。但萬萬沒想到，艾德索對這個方案很有興趣，這兩位就在第一次會面的場合握手成交。R.T興奮得不得了，被當面拒絕了十年之後，總算在有生之年談成這筆交易。

但這時卻出現一個問題。那天傍晚，R．T．發現早先開會時，在節奏快速又令人振奮的氣氛之下，他報給艾德索的某些數據是錯誤的。R．T．也許可以什麼都不提，巧妙應付過去，將那些錯誤數據掩蓋住，但這種解決方式他無法接受，因為風險太大了。他很清楚自己該怎麼做。

隔天，R．T．又來到艾德索的辦公室，他向艾德索說明錯誤的地方，並提出正確的數據。他沒把握能不能保住這場交易，畢竟整個交易是基於數據有誤的資訊才決定的。R．T．料想這一定會碰到反彈和阻力，為了設法挽回這場交易，他向艾德索保證自己願意退出這一場關係，給別人接手——他完全能夠理解。艾德索卻堅決地說：「不行，你犯了錯，也坦白認錯，而且修正了錯誤，我只想跟你合作。」

R．T．因為誠實坦白，而談成了當時全世界最大的保險合約，以一九三九年的幣值來講，那是一億五千萬美元的合約，而且在他有生之年都留住福特這個客戶。當時要是他不誠實，他犯的錯可能會中途被抓包，到手的合約就會飛走了。但幸好那天誠信贏了，這也證明我的信念——**高尚的路是唯一的路**。

養成習慣

誠信是領導力的基本與義務，從言行一致開始做起，但並非結束於此。在實踐的過程中，誠信可以拓展為一種整體的精神，變成某種可以顯現出你如何在各種情況裡傳達領導力的氣質。從一些小地方——即使是無關痛癢的小地方——都可培養誠信，就跟勇氣一樣。

我之所以跟各位分享我發表領導誓言的故事，是為了描述我以誠信領導的能力在公開場合受到考驗的那種高壓情境。因為我在此之前已實踐了很多年，所以才有辦法在當下做出靈活反應。指出自己的過錯、為此擔起責任並糾正錯誤，這整個流程已經根深蒂固於我的記憶肌肉之中。

各位或許也猜到了，在別人都在觀察的公開場合中最容易守住承諾，這是因為如果露出猶豫不決的樣子，恐怕就得付出社會成本和專業上的代價。在全球領導大會上我有如受到放大鏡的檢驗，所以必須為自己的過錯擔起責任。R．T．也必須承擔自己犯的錯，才有可能保住福特這個客戶。不過，真正的誠信，其實不需要聚光燈的探照。

如果要把誠信變成領導力的一個習慣，我們必須學習人前人後都應該做正確的事情。甚至更確切來講，即使情勢違反我們的利益，或堅持立場可能會帶來嚴重後果，我們也應該學著忠於自己的原則。所以，這便是平常就要從小地方開始把誠信訓練成習慣的原因，為的就是碰到「大風大浪」時可以仰仗平時的訓練。這也是為什麼人在順利時應該訓練誠信的原因，如此一來即便碰到混亂、棘手的狀況或事情已經完全變成災難時，才能仰賴平時的訓練。

平順的情況下最容易實踐誠信，但是出現衝突與騷動時，相對來講沒有那麼多時間可以做出審慎反應，這時往往需要靠你的本能。

訓練：練習「選擇」負起責任

我發現當領導的挑戰出現時，不管情況是大（例如失去大客戶）是小（例如處理部門之間的小誤會），只要練習做出一個更明智的選擇，便有助於培養誠信的本能。那麼這個選擇是什麼呢？**「選擇」負起責任**。

我們未必能控制發生在自己身上的事情，但「絕對」可以選擇該如何對那些事做出反應。選擇負起責任是有等級之分的；換句話說，你應該根據情況的嚴重性，採取不同程度的必要行動。信任一定「不容妥協」，情況愈是艱鉅，風險就愈高，也就更迫切需要用值得信任的方式因應。

我制訂了幾項可以跟豐足型領導哲學搭配運用的方針，幫助各位無論碰到什麼層次的難題，都能明察秋毫、練習做出選擇。

各位在實踐負責任的習慣並培養誠信「本能」時，可參考以下方針：

這不是你一個人的事，而是關乎到大家。當你選擇承擔責任時，請記住這並非為了強化你的自尊，而是為了更大的利益著想，所以不該把承擔責任變成一種讓自己化身為英雄的舉動。務必合力解決問題，別「只顧著為自己打算」。

當你身處在企業界激烈的競爭之中，可能會忍不住避免牽扯到某些特定議題——以求明哲保身——但這樣做多半不會有什麼好結果。也許當下好像對你有益，卻無助於你通過下一次或下下一次的「消防演習」，因為別人會記得你的作為。下一次，別人或許會很樂意遵從你的領導，然後「自掃門前雪」，讓你背黑鍋或收拾所有爛攤子，他們不會捲起袖子跟你一起解決問題。又或者他們有事瞞著你，結果卻因此引發更嚴重的「新」問題。他們為什麼要這麼做？因為怕你會像上次一樣懲罰他們，或他們根本不相信你會採取適當作為改正問題。要是大家可以沒有顧慮地盡早讓你知道問題在哪裡，事情早就已經解決或做了防範，結果隱瞞到最後卻很有可能衍生出超乎嚴重的新問題。

為了自保而規避責任，就長遠來說是一條注定會失敗的路徑。請各位選擇關照組織裡的每一個人，為他們著想；這表示你必須幫助每一個人戰勝和成長茁壯。

部屬都在關注你，也指望著你。當今組織中的人員不但有見識，觀察力也十分敏銳。他們一直在觀察領導者的作為，持續保持關注。通常，他們會注意到領導者講話半真半假或試圖推諉卸責——又或是任何介於這兩者之間的行為。在當前環境中，很多人都是由此切入；他們警戒地觀察前方是否有任何麻煩的跡象或是否有人在耍兩面手法。天下太平時便如此，更何況有一觸即發的狀況正在醞釀中的時候。

無論碰到的情況是輕是重，部屬最想要的莫過於領導者發出一個他們能勝任的信號。另外，他們也希望領導者可以採取具體作為助他們一臂之力；換句話說，他們希望有權解決問題。他們不希望你看輕事情或只求自保，又或者對他們過於呵護。**他們要的是你的領導**。

為防止部屬的憂慮進一步發展，你可以這樣說：「我瞭解情況，我們可以處理它，也會一起克服它。」這種做法看起來很簡單，但依然有太多領導者試圖用迂迴的方式從麻煩的情況中（無論情況是大是小）脫身，還以為別人應該不會注意到，明明最短的路線就是直接穿越汙泥，精明敏銳的利害關係者也都看得一清二楚。

事情出錯的時候，要展現的是當責的態度，而不是歸咎於他人。身為領導者，你的工作就是至少擔起一部分的責任，同時也要求部屬承擔他們該負的責任。尤其如果你是新進主管，說不定這是一個捷徑，不但可以趁機展現你的人品，又能取得利害關係者對你的信任（就像我第一次參加金寶湯全球領導大會時所採取的作為）。

反過來說，必然會失去信任最快速的方法就是做不到負責任，或把事情完全歸咎在別人身上這種更糟糕的做法（雖然實際上大家通常都會相互指責）。與其用「指責」的方式處理事情，倒不如試著指出是哪些人員或因素造成眼前所面臨的問題，然後要求這些人當責，做出調整，並確保別再發生同樣的錯誤。這樣做顯示出你扛起這個問題的責任。**當你扛起了問題，也就可以扛起解決問題的責任**。徵求部屬的幫忙，他們會和你一起參與解決問題的過程。當你扛起你那一份責任時，也鼓勵他人去扛起自己的責任。

繼續努力，別原地踏步，有很多事情要做。簡單來講，選擇承擔責任有四個主要步驟：

一、扛起問題的責任。

二、迅速、誠實且盡可能完善地處理問題。

三、保證不再犯同樣的錯誤。

四、繼續努力。

選擇把問題的責任扛起來，可以確保每一個人都能適時回歸工作崗位。不管碰到的情況是大是小，都用這種方法應對，你就會學到路面上即使顛簸也影響不了你或組織，而且生產力也不會被耽誤。

下次無論碰到什麼層次的問題，別企圖推卸或低估部屬，或是吹毛求疵想找出罪魁禍首，把這當作一場練習。**選擇承擔你身為領導者的責任，同時也要求別人為他們在這個問題上的角色負起完全責任**。扛起問題的責任，採取務實做法，提出解決之道，著手去努力，然後別再犯同樣的錯誤。這樣一來就能避免災難，盡快修正問題，建立信任，並且做出更亮眼的成績。

關於當責這件事你學得愈多，它就愈有機會成為你的本能，當你在職涯中學習對內部和外部利害關係者自我聲明，或學習無論際遇好壞都要言出必行，又或者學習培養承擔責任的習慣時，就可以善用這種以誠信來領導的本能。

第十七章

Chapter Seventeen

「不成長就等死」的思維

「在這個世界上不成長就會死，所以開始行動，
讓自己成長吧！」

—前美式足球員兼教練盧．霍茲（Lou Holtz）

誠如各位所知，在我走馬上任當上金寶湯執行長之時，公司的表現已經走下坡好幾年。我在前幾章也提過，員工疲憊不堪、股東十分不滿、顧客也出走、員工敬業度嚴重下滑。情況如此之糟，但公司對我的領導寄予厚望，我也明白為了達到公司為我設下的標準，我們得根據那些期望做到相對的成長才行。

坐上資深高層的職位，你大概有三年的時間可以證明自己的能耐。第一年碰到的形形色色的「消防演習」、問題和各種混亂，自然跟前任有很大的關係，而公司也會給你緩衝空間。第二年由於你正在學習，再加上你有一個仍在「進展」的改革策略，所以即使步調減緩，公司還是會給你寬容（雖然跟第一年比起來少了很多）。不過到了第三年，一切都要靠自己了。假如你到了這個階段還是沒辦法著手導正這艘大船，將情勢導往適當方向，那麼所有人都有充分理由去質疑你的領導力。有鑑於此，你在領導時必須十分靈活、應變能力要高，你的心態必須以成長的迫切性為本。

我之所以能得到金寶湯執行長職位，其核心關鍵就在於我瞭解這種迫切的需求。我在金寶湯的第一場面試，是由董事會的「執行長甄選委員會」擔任面試官；這群面試官不好應付，他們急著合力把我們的時間榨得一乾二淨。我都還沒弄清楚狀況，他們已經開始連珠砲似的問我一大堆問題。雖然我很想深思熟慮後再回答，但還沒能有系統地闡述想法，下一個問題又拋過來了。面試結束後，回想起整個過程我覺得一切都很模糊。我想這場面試有點糟，所以當我接到電話通知，委員會很開心邀請我參加第二輪面試時，這完全與我的觀感相反的好消息，讓我十分驚喜。

這一次面試，我決心要更明確地陳述論點，點出我打算如何振興這家代表性公司。我知道金寶湯要找的並不是一個尋常條件的主管，所以我發現想拿到這份工作，面試時就得不落俗套。（我也知道公司正在面試其他人選，我未必會是最後勝出的人。）為了加強我的候選資格，我必須展現出我瞭解公司目前處境所顯示的緊迫性——也願意跟他們一起分擔。另外，我也應該從有利於我的方向去掌握對話。這次，我不會變成被拷問的對象；我打算主導面試，以振興公司為主軸，向他們提出強而有力的論點，促使他們鄭重考慮僱用我。

第二次面試前的週末，我從我的人脈圈裡找來幾個最聰明的朋友，協助我準備金寶湯公司綜合再生計畫。我們鑽研關於金寶湯所有可公開取得的資料，對公司所碰到的問題有紮實瞭解之後，抓出了一個三年期的「金寶湯振興綱要計畫書」。三年這個時程並非巧合，我就是故意用三年為我的振興方案注入迫切性，因為三年時間一到，就容不得我施展能力、往目標衝刺了。

這個方案的優勢有一部分在於它是專為金寶湯在職場與市場中所面對的特殊情況和機會所量身打造。不過「金寶湯振興綱要計畫書」更為核心關鍵的優勢卻是我這個局外人的觀點；畢竟我看事情的角度跟公司不一樣。據我觀察，這家公司把重心都放在治標，以短期的目光去處理危機，致使他們看不到當務之急應該是要打造具體可行的計畫，力求長遠的成長與振興。

我保證做出一番新氣象。我們不承諾過多、落實太少。我們所設計的是既符合理想又務實的框架，一個對未來充滿雄心壯志，同時又保持腳踏實地的方案。這個方案的概念是這樣的：我們會在三年內將金寶湯從每天都沒有競爭力，改造成有一番榮景、競爭力強大的公司，著眼於培養組織具備持續進步的思維，迎戰未來的挑戰。

我腦袋裡有清晰的觀點，手上有明智的成長計畫，心中充滿決心，全副武裝地前來參加第二場面試，準備向他們闡明我的論點。一開始，情況跟上次面試差不多，董事會成員馬上就對我快速拋出一個又一個的問題。不過，這次我有王牌；我帶來了裝訂成本的金寶湯振興綱要計畫書，準備發給每一位董事會成員。面試談了幾分鐘之後，我就從公事包裡拿出計畫書，建議大家轉換一下討論方向。每個人都顯得很好奇；就我所知，其他人選並沒有做這樣的準備。

我總算得以控制對話，帶著大家花了約一個半小時的時間，循序漸進地看完整本計畫書。不但說明應該從哪些地方著手，也講解我打算如何進行，過程當中自是傳達了我的領導哲學。基本上，我所做的就是向他們「自我聲明」。果不其然，這種方式讓他們印象深刻，我也因此得到這份工作。

就我當時所體認到的狀況，同時又能表達出來的部分，就是金寶湯一直以來都在使用錯誤的典範做法，而這種昔日的典範已經被自滿又恐慌的心態所把持。那些想解決問題的人，由於對公司長遠活力的含義沒有一定的認知或瞭解，所以只好急就章，結果造成問題慢慢滲透到整個組織，進而在更廣大的企業文化當中製造恐懼與困惑。因為大家可以明顯觀察到，那些因恐慌而想出來的戰術其實沒有效果，而光靠一個人的力量就想力挽狂瀾似乎也只是緣木求魚。

金寶湯需要的是喘口氣，向後退一步，端詳整個大局，然後再著手打造一個有整體性又持久的長遠計畫來向前推進。換句話說，這個計畫必須認知到這個簡單的事實：**在當今市場，若不想辦法成長就只能等死。**想要嚐到勝利的果實，公司和領導者就需要一個能夠實踐這份認知的計畫。

最後，雖然我個人會拚了命的使出渾身解數，把金寶湯帶往一個以成長型思維為號召的明日，但我面試執行長職務的終結辯詞卻是：這一切的重點其實在於組織，而非「我個人」。

推動組織向前邁進的計畫分為兩方面：除了從個人層次著手，贏得部屬的信任（再次重申，領導以人為本）之外，另外要做的就是將「不成長就等死」的思維轉化到整個組織，裨益於整個企業。當這樣的脈動主導著所有的努力，就一定會形成持續進步與成長的力量，而我自然會朝這個方向奮鬥，因為很多年以前——可以一路回溯到我念研究所的時期——就養成了這種習慣。

你可以做得更好

我在念商學院的時候，有一位備受推崇的教授召喚我行動，他刺激我超越現有能力，對我整個職涯的領導方法有很大的影響。這位教授對我簡單講了一句話——簡單到令人驚奇——但聽到的當下，就激勵我想辦法做出改變。

我是西北大學凱洛管理學院第一屆畢業生，當今十分知名的領導思想家瑞姆·夏藍（Ram Charan）正是我的管理政策學教授。雖然我很重視學業，但除了課程滿檔之外，還另外做兩份工作。面對如此繁忙的行程，我的課業表現開始下滑了。有一天瑞姆在課堂上出其不意點我回答，但是我並沒有為當天的課堂討論做好該做的準備，所以開始吞吞吐吐、緊張地講了一些聽起來很沒說服力的回答。我面紅耳赤，顯然就是一副沒做準備的模樣。那堂課上到後來，我都把頭壓得低低的，恨不得就此消失。

下課後，我正要走出教室，瑞姆把我叫到一旁。我試探性地走向他，不知道他會對我講些什麼。瑞姆是我最喜歡的教授之一，我非常在乎他對我的觀感。他把手放在我的肩膀上，寬厚卻堅定地看著我的眼睛。「康南特先生，」他說道：「你可以做得更好。」他說得一點也沒錯；除了這句言簡意賅的話，完全沒必要再對我說教。我把重點聽進去了，從此以後這句話也深深影響我的態度。

瑞姆四十多年前說的話至今仍言猶在耳，彷彿昨天才對我說過一般。他的言語激勵一直以來總是提醒著我，人永遠都有選擇，無論是在領導過程中或人生的旅途上。當我們面對挑戰的時候，是可以找盡藉口深陷其中，說自己很忙、快受不了、脫不了身，又或者我們可以選擇拓展自己，全力發揮自己的能力。我們可以奮起應付挑戰，可以用心投入工作，選擇自我成長而非自滿。瑞姆正是看到一位學生在碰到麻煩時

「選擇」不去發揮潛能，而我這位學生又在面對老師直言不諱的評論時翻轉自己的選擇，努力實踐。

瑞姆這句話如此有效，不只是因為他說的內容，也包括了他說這句話時的態度。他用真心關懷同時又帶有高度期望的心態給我忠告，所以這個忠告才能滲透到我的內心。我百分之百確定，瑞姆希望我一切都好，但他也對我設下高標準，期望我拿出卓越的表現。

我始終都非常感激瑞姆要我為自己那天在課堂上的表現負起責任，那次事件讓我變得更好，往後也持續發揮鞭策我更上一層樓的效果。現在的我不但努力在領導角色上展現「你可以做得更好」這種有志向上的精神，我也希望跟我一起生活和工作的人能發揮這種精神。一直以來，我都在嘗試像瑞姆那樣以優雅的姿態處理這些期望；除了督促自己拿出更好的表現之外，另一方面也展現出我真心致力於幫助別人成功的態度。無論我們從事何種行業，身在何種組織，績效表現一向事關重大，所以我們不能挑最輕鬆容易的事來做。正如我們必須持續挑戰「自我」，超越自滿的心態，達到卓越的境界，對於同事、員工和同儕，我們也應該要求他們做到這一點。

各位已經在**第六步驟的精進**當中學到如何在養成個人領導力的過程中，不自滿地善用「不成長就等死」和「成長型思維」的途徑。接下來，如何由內而外拓展這種思維，將應用範圍擴及到組織之中，也是你應該要學習的地方。

學習型文化

靈活敏捷是在當今市場生存的要件。身為領導者的你若想在千變萬化的環境中推進團隊或組織，就必須想方設法把持續成長進步的概念植入你的領導DNA之中。你已經在第六步驟做過一些練習，但如果想成功應用在更廣泛的場域，務必再更進一步，打造學習型文化，以這種文化來刺激每一位組織成員用某種能同時裨益於個人和企業整體的方式來成長。

大量充足的學習機會是保證能有成長進步的最佳方法，這是常識。成長需要學習澆灌，也就是學習以新的方法善用經驗，精熟新技能，並且聽取那些具有寶貴專業知識的人所提供的建言。你真的別無選擇，因為所有競爭者都汲汲於獲取在市場生存的必要知識，假如你不這樣做，公司便無法與時俱進，或許也難以長久經營下去。有鑑於這是一場不成長便只有等死的選擇，那麼成長總是比等死來得好。

這就是為什麼我的金寶湯振興計畫的核心關鍵除了以激發信任、將每一個人團結在共同目標之下外，同時也十分著重為公司上上下下共兩萬名員工謀求學習與成長機會的原因。這種做法可以有助於我們搭配其他目標共同運作，有機會學習把贏得的信任加以鞏固，並幫助員工能將自己的工作與公司使命連結起來。如此一來，公司便可達到全面雙贏的效果。

打造學習型文化可從以下層面著手：

❶個人層面

自身明顯也在學習和成長的人，才能主導真正有品質的學習型文化。換言之，領導者個人必須以身作則、示範學習的精神。舉例來說，我辦公室那高及天花板的書架上塞滿了書，這絕非偶然。我熱愛閱讀，求知慾旺盛，喜歡跟別人分享這股學習的熱忱，也很鼓勵大家多多閱讀。假如我跟你很聊得來，說不定現在已經遞給你一本（或兩本）跟你某個興趣有關或可以解決你某個棘手問題的書籍。我除了設法利用個人經驗提供協助之外，也藉由閱讀的學習方式傳達我個人對於學習和成長投入許多心血，就像我為了在職場和這世上看到改變而努力做得改變一樣。

❷群體層面

成長這個概念可以拓展到個人之外，當你為了推進整個組織而培植這種觀點時，它的重要性會顯得更加迫切。從群體層面來看成長，此概念是指打造一個共同學習與成長的群體。員工在著重學習、工作環境和鼓勵成長進步的文化當中往往會有歸屬感。如果想培植這種群體，你對於學習這件事就必須讚揚與要求並進，以此作為領導標準。

學習的推拉原理

我在率領組織朝成長型思維的改造之路邁進時，使用了一種所謂的「推拉」原理（不過此原理其實可以廣泛應用於任何你想以身作則的領導行為之中）。

在「不成長就等死」的概念下，理想狀況是你會希望領導團隊更努力為部屬提供學習與成長的機會，這是因為如果希望組織成長茁壯，就必須營造一個讓員工也可以學習、成長和茁壯的文化。

推：向整個團隊明白指出公司對他們在學習方面的期望，要求他們為此當責，並說明如何評量其學習狀態。你必須清楚明確地表達你期望組織成員不斷成長，也能為他們提供成長的機會。也許你會把這些期望列在他們的考評裡，或算在公司的計分卡當中，又或者你會訂定特定的培訓標竿。無論你用何種標準，**這個部分就叫做「推」，因為這些舉措會刺激大家去改變自己的行為**。

此步驟的重點在於闡述學習與成長之所以十分必要的「原因」，把目標及其背後的原由攤開來講，讓員工清楚知道在二十一世紀的市場上這才是勝出之道，並向員工解釋設定較高的標準並非為了箝制他們，而是要向大家傳達「我相信你們，我堅信各位有做大事的能力，也相信只要你我的能力統整起來，必能攜手共創卓越。」

拉：讚揚學習的精神，以此鼓舞員工努力學習並且「想要」學習。你可以藉由創造正面的成功結果、表揚認真學習的員工，來激勵大家多多學習。當然，領導者以身作則也十分重要。

鼓勵學習的創意方法多不勝數。舉例來說，領導者可以宣布他要開一門培訓課程，然後邀請底下團隊成員參加，由此展開學習與成長的途徑；或特別挪出一筆預算，由部屬自行開闢學習成長的機會；又或者領導者可以列出一張愛書清單發給大家，藉此分享自身的正面學習經驗，或跟別人分享他們如何在領導過程中領會成長力量的個人故事。

此步驟的重點在於先用自身行動展現學習可以創造何種正面價值，然後再針對體驗到學習使其成長的人給予表揚和讚美。**這些搭配起來就是「拉」，因為這些舉措的正面強化、以身作則和表揚的做法，可以激勵大家做出學習行為。**

利用推拉原理相互配合的方式，可以同時刺激和誘使員工踏出改變的步伐：即「推」和「拉」雙管齊下。你創造一個希望員工能多多學習的環境，使他們在專業上有所發展，又可提升他們的貢獻度，同時他們也會因此受到表揚。如此一來，每一個人都會表現得更好，而這一切都是從你開始的。

要有策略眼光

你在為個人與組織的學習迫切性奮鬥時，應當以整體策略的觀點來執行。為學習而學習固然是好事，但這樣做不夠好。請運用克己自律的精神，以你的目標為準號召學習力，並藉此支援你的目標。

舉例來說，假設你是一家著重創新的科技公司，學習機會應該要能培植加速創新的領域發展；在這種戰略考量之下，針對整個組織提供這方面的學習機會就顯得十分重要。

金寶湯改善員工敬業度的措施就是很好的例子。我們的策略考量是以改善職場文化、振興公司為目標，而提升員工敬業度正是緊扣此目標來進行的。因為從當時的統計資料及日後所有數據都可以看到，敬業度高的文化在績效表現上優於市場上的其他同輩公司。然而，先前的領導團隊一直未將此領域列為優先重點，因此我們必須下一番功夫展示敬業度的影響力。這是一個以發展為重點的培育領域。

為了持續改善員工的敬業度，我偕同金寶湯的人資長南西．瑞爾登（Nancy Reardon）與蓋洛普公司合作，長期評測金寶湯的員工敬業度表現。我們連續十年針對整個組織調查，檢討六百個工作小組的敬業度進展。而此評測則是跟前一年度的表現、金寶湯的其他工作小組及同業公司的同等職務規範做比對所得，整個過程涉及數千名員工，而最後的結果相當值得。十年來，金寶湯的員工敬業度分數從極低上揚到世界級水準；員工敬業度的這道成長軌跡，也正是激發公司於同一時期在市場上表現益發亮眼的主要原因。

我們在員工敬業度上所獲得的成果，展現**推拉原理**如何發揮強大的效果。首先，我們必須「推」，向所有部屬清楚指明公司的期望：員工敬業度對我們、對金湯寶來說十分重要，所以我們也期望這對部屬而言同樣重要。假如主管們不願意加入這個行列，一起改善底下團隊的敬業度並提升企業的活力，恐怕會招致嚴重後果，他們的工作可能也會不保。我們需要每一個人齊心協力，把員工敬業度提升至世界一流水準的夢想才有機會實現。

我在金寶湯執行長任期的前三年，在總共三百五十名全球主管當中換掉三百位，因為他們無法配合我們的計畫，把員工敬業度和表現提升至優質水準。在這種推力的催化之下，我們決定每年就員工敬業度表現提出年度報告，此舉又更進一步強化這就是公司的優先策略重點之一。

至於「拉」的部分，隨著員工敬業度穩步上升，我們除了給予獎勵之外，也表揚佳績。每年在全公司的「優異表現獎」典禮上，我們會公開表揚在員工敬業度上有卓越進展的小組。另外，公司的入口網站也會介紹一些成功的故事，我個人則會寫親筆感謝函給每一位資深主管，恭賀他們的進步——每年都要寫上好幾百封。

我們不斷地耕耘、激勵大家做出我們期待的行為，以此提升員工敬業度，使之穩步上升，進而促使公司在市場上取得更好的成績，並且為職場的風氣與氛圍變得更樂觀又更有生產力而感到歡欣。主管與部屬看到愈來愈多的正面成效，對敬業度的影響力有了更深刻的體會，便會為自己能跟大家一起奮鬥而覺得振奮。這樣的態勢發展將近十年之際，絕大多數的金寶湯員工都已經意識到，他們在職場上的成功其實跟公司在市場上的亮眼表現有著明顯關聯。整個過程讓我們得以示範有自律的學習是達到特定結果不可或缺的要素，而這也是「不成長就等死」思維中很重要的一塊拼圖，不過還有一些其他關鍵做法也發揮了很大的作用。

挑戰典範做法

回到二〇一一年我剛走馬上任的時候，當時我對金寶湯執行長一職有十分清晰的想法；我知道我必須組一個靈活敏捷的團隊，協助我落實我對公司的成長所懷抱的憧憬。我看中了卡爾·強森（Carl Johnson），他是一位有創新思維的人，我與他曾在卡夫食品見過面，當時他正在為卡夫做諮詢服務。我對卡爾的成長型思維印象深刻，也知道由他來擔任金寶湯策略長的話一定能化腐朽為神奇。

策略長這個職位在當時來講是相對新穎的概念。卡爾不但對這個機會躍躍欲試，還自行設計了策略長的職務內容，我們兩個就這樣攜手合作，共同為振興計畫而奮鬥。我和卡爾的辦公室就在隔壁，所以可以就近討論溝通，一起努力讓公司重新站穩腳跟。

一開始，公司的情況跟以成長為取向的公司比起來可以說背道而馳。前任主管大幅刪減每一塊業務的支出，導致人力、產品、創新思維與消費者認知全都遭了殃。研發部（Research and Development, R&D）照理講是一個讓公司與時俱進、走在業界尖端的部門，結果竟然一天之內就被砍了三成預算，這些事發生在我們上任之前。

卡爾回憶道：「公司顯然對所屬產業或甚至產品類別沒有即時的認知。」他需要廣泛的職權，才能著手將嶄新的開創性靈魂注入組織的每一個層面之中，因此他得到權限監督策略發展、行銷服務、R＆D、電子商務及一些其他部門。卡爾正是最適當的人選，因為他這種人不接受輕鬆的答案，也拒絕接受「一向都是這樣做事」的說法。他是那種會去鞭策和激發別人的人。害公司落得眼下這般處境的那一套已然不管用，我們應當創造有利的條件，催生新的典範做法。

如果想獲得具有顛覆性變革的動力，就必須為成長做一些投資，不管是時間還是金錢方面。卡爾採取的第一個行動就是建立他所謂的「最佳消費者知識不動產」。頭一年半在我的全力支持下，他花了數百萬美元針對購買行為分析探究。我們在這方面所投入的時間，換來不可思議的靈感洞見，徹底改革我們做生意的方式。

舉例來說，金寶湯的經營模式一直以來都是根據這樣的假設：典型的湯品消費者多半以三明治「配」湯作為午餐。也正是因為這個假設，所以公司以為他們在湯品市場有七成市占率。但卡爾的研究卻發現，三明治「配」湯並非大多數湯品消費者的午餐組合。事實上，消費者會從湯和三明治或沙拉做挑選，或選擇完全不一樣的種類。也就是說，消費者把湯視為「主食」，而不是「副餐」。因此，當我們發現公司的競爭對象不只是其他品牌的湯品，還包括了沙拉、三明治、優格等之類的食物時，至此真相揭曉，公司的湯品市占率其實只有百分之三，跟原來的估算有非常大的差距。有了這個資訊之後，我們便能調整廣告、行銷、R&D及林林總總的方向，重新拿回市占率。想想看，如果我們沒有把學習列為第一優先，就永遠也想不通！災難般的績效下滑恐怕會持續下去。

然而，儘管我們擴充對消費者的認識之後得到了正面的好處，但卡爾的創新做法還是經常碰到阻力。求取進步有時並非易事，就他的說法來講，這有一部分是因為「人們基本上不喜歡改變，尤其是顛覆性變革」，但由於我們從上而下做起，明顯以具有前瞻思維的再造行動為優先，所以是有辦法做到的。這也是為什麼延攬成長型思維的人才，例如像卡爾這樣的人，挑戰既有的典範做法格外重要的原因——甚至可以說前所未有的重要。

結論

想馳騁在當今市場，我們迫切需要「不成長就等死」的思維。領導者必須願意打造學習型文化、持續拿出更好的表現、善用推拉原理、為成長做投資，並延攬願意挑戰既有典範做法的人才，如此才能在商業界嚐到成功的滋味。這種前瞻性做法必須多加用心處理，否則容易流於自滿，進而造成組織成長停滯、信任流失和績效表現不良。

第十八章

Chapter Eighteen

謙遜

「驕傲使我們變得虛偽，謙遜讓我們變得真實。」

—美國神學家多瑪斯．牟敦（Thomas Merton）

在前面〈使命〉這一章稍微提到比爾，這位我十分景仰的領導者。他跟我一樣都是《財星》雜誌五百大公司前執行長，經過長字輩職位的洗禮之後並未就此退休，他感受到一股召喚，很想跟周遭世界分享他的領導經驗與洞見。他在「真誠領導」這個領域是首屈一指的專家，也針對此課題寫了《領導的真誠修練》（*True North*）這本舉足輕重的著作。比爾是個性情中人，他為本書受訪時曾因自身專業的特性而有些猶豫，所以謙遜地抗議：「我不會說自己是某方面的『專家』。」然而，他的履歷卻是相反的證明；比爾是哈佛商學院資深教授，從二〇〇四年起便在此教授領導學，將他從輝煌的領導生涯當中——包括擔任美敦力董事長兼執行長十年及此前位居漢威聯合國際（Honeywell International）資深領導階層多年——所學到的諸多經驗教訓傳授給莘莘學子。

現在的比爾功成名就、充滿成就感、悅納自我，並且致力於回饋世界，但這一路走來就像大多數人一樣，並非一條直行順暢的路徑，過程當中勢必吃了一些苦頭，也得面對一些不堪的真相。然而，這些苦頭強化他的領導觀點，大大擴充他以謙遜的態度與別人連結的能力。

比爾四十多歲時在漢威聯合的事業發展平步青雲，他的事業能力扭轉了乾坤。一個又一個的業務在他經手之下起死回生，他在食物鏈上愈爬愈高，也逐漸沉迷在扶搖直上的興奮感當中。他覺得自己就快要搆著那個得來不易的「成功機遇」了。比爾想當上執行長，雖然自己也不知道「原因」是什麼，但就是十分渴望那個職位。比爾表示，他為了這個大獎，也就是執行長頭銜而變得心不在焉，結果幾乎不自覺地開始「在穿著和舉手投足上走某種風格，裝出執行長的模樣」，這個過程他要是曾退一步省察，或許就能早點醒悟「那並不是真正的我」。

一九八八年某一天，比爾下班後在開車回家的路上，從後視鏡看到自己的臉。鏡中那個影像把他嚇了一大跳；那是一張不快樂的臉，在鏡子裡面凝視著自己。這番頓悟來得又突然又猛烈：他沒有成就感。雖然他總是用樂觀的模樣面對周遭世界，但職場生活已經變得索然無味。就在了悟到這一點之前的幾個月，比爾一直在出差，八成的時間都不在家，他在工作上突破一個又一個的關卡，把不安的心情壓下去用強顏歡笑面對底下團隊。他太想要做出那個自己志在必得的執行長角色，被自己所呈現出來的樣貌沖昏了頭，以致於切斷自己跟內在世界的連結，使他看不清真正的自己。

理論上來講，比爾已經擁有他想得到的一切。他的妻子有很一份很棒的工作，夫妻倆有龐大的社會支援網絡和許多朋友，孩子的學業表現也十分優異，比爾經濟能力穩定，而且還是漢威聯合下任執行長的兩大候選人之一。那他究竟在煩惱什麼呢？他指出，自己之所以不快樂的殘酷事實就是「我不是那個真正的我」。比爾把他的領悟告訴妻子，結果她說：「比爾，我這一年來一直想跟你說這件事，你都不肯聽！」

謙遜的兩大環節

稍後我會回過頭來繼續講比爾的故事，不過在此先探討一下謙遜的內部奧祕，可以幫助各位有深入的理解。通常一講到謙遜，大家往往想到它最表層的意義，也就是指一個人行為舉止的謙虛。有時候，領導者甚至會把謙遜誤解為看輕自己的價值或以為謙遜就是要公開貶低自己，才不會讓自己顯得過於驕傲和自以為是。在我看來這些都是不對的；雖然謙虛確實是美德，但我認為謙遜不該用這種狹隘的定義。

四十多年的職涯一路走來，我學會了更深入去探究；也就是說，在領導背景之下，我所理解的謙遜是由兩大環節所組成。若你想增強領導品格，請務必從這兩方面徹底瞭解謙遜的意義。

謙遜的第一個環節就是要把自尊擱在一旁，讓別人有機會認識你「真正的樣子」，也就是未經過編排、更具個人特色的你。這也意味著請你下凡來到人間，露出你的缺點也沒關係，別總是只展現出最佳版本的自己。換言之，你必須稍微卸下盔甲，做一些該做的功課，去深入探究你對自我的瞭解，如此一來才能讓你更加自在地與別人分享自己的領導故事與才華。

謙遜的認識真我這個環節帶有一股暗流，貫穿於我們在藍圖六步驟所做的功課之中。我們必須認真瞭解真正的自我，卸除所有的虛偽，把對於自我的認知注入我們與他人的互動中，如此一來別人便可放心以同樣的態度和我們分享「他們」真正的樣子。我們也會因此變得更加務實；換言之，有助於我們把目光對準重要目標，以最謙遜又最有助益的方式在別人面前展現自我，而不是把心思放在成功的圈套裡。

謙遜的第二個環節需要我們做的就是跳脫自身的能力與觀感，向他人學習；這表示我們得充分認知到自己並非在場最聰明的人，同時也要學習聆聽，「真正」去傾聽周遭人的心聲。以我的經驗來講，謙遜的這個環節對領導者來說是很容易理解的概念，但在實踐上卻困難重重。若是能學會保持敏銳，特別留意周遭世界及組織內其他人員所具備的各種智慧，我們的領導旅程便可增加一項有利的技巧。藉由掌握聆聽的藝術、多花心思去解讀、多敞開一些心胸及學著大方表揚別人的功勞等，都可以培養這門技巧。

謙遜的兩大環節說穿了其實就是**連結**和**聆聽**這兩個重要元素。

剝開洋蔥

那天下班比爾．喬治在開車回家的路上頓悟到不快樂的原因之後，他明白自己得做一些功課。現在他得「回歸真實」，跟自己來一場誠實的對話才行，藉此好好探索自己之所以無法以真我來為人處世的原因。

他用「剝開洋蔥」比喻這段重新認識自我的過程。只不過做了一點點省察功夫，他馬上就發現「要碰觸洋蔥的核心竟如此困難」。為了觸及位在核心的那個真我，他必須跟一些難堪的記憶周旋。

比爾回顧過往人生，發現他滿腦子一直想著出人頭地，希望別人視他為「成功人士」。積極進取又野心勃勃的他，一心想坐上領導大位，成為他以為別人想要他當的那種人。然而，就這方面來講，他最早期的經驗卻都是在公開場合失敗的記憶。

高中時，比爾競選學生會失敗了。大一新生那年，瘦巴巴的他在美式足球隊飽受蔑視，四分衛對他來說是遙不可及的夢。他極力爭取擔任網球隊副隊長，但沒有被選上。他念喬治亞理工學院時競選了六次，可是每一次都敗選。

一次又一次，比爾不斷努力地變成他以為這個世界要他成為的那個自己，努力去爭取那些高不可攀的大獎，但是他從不曾退一步去思考為什麼：為什麼這些事情如此重要，它們代表什麼意義，他可以從中得到快樂嗎？他對這些圈套的執迷又是如何阻礙他與別人連結？他是不是用浮躁的情感推開別人，在自己和他人之間製造了一層隔閡？除非比爾正視這些問題，否則他投射出來的永遠都是假象。

當然，找出我們真正想做什麼事、真正想成為的人是很耗費心神的事情，所以各位也許會納悶，既然如此又何必要找答案？對此比爾是這樣說的，因為「除非把洋蔥剝開，真正敞開你的人生，真正看到這個人生的核心，也就是你一路走到今天所承受的痛苦、傷口、喜悅、憂愁，並且將這些東西想個透徹」，否則你沒辦法真誠地跟別人連結，也沒辦法追求人生的意義和成就感。換句話說，除非你願意探索這塊場域，否則就得不到謙遜的「連結」元素，這樣一來，正如比爾所指出的，當你滿腦子只想呈現一個過度圓滑的自我時，你便無法「真誠」待人，因為你愈是努力說服別人那個修飾過度的自我就是你，就愈是難以跟別人建立真正的連結。

想想看，在你認識的人當中是不是有某些人總想說服你他們有多厲害，自吹自擂地在你面前炫耀他們的成就，不管是明示還是暗示。想必你會注意到他們裝模作樣，並因此覺得自己不可能跟這種人親近。

比爾的故事最終有了圓滿的結局。他做完剝開洋蔥的功課，努力省察自己的過去，所以才能繼續前進，向別人展現他真正的樣子，以更誠實的態度追求成功。他從一個會誇耀自己的履歷、想藉此讓別人佩服他的人，蛻變成即使表現出脆弱也怡然自得，這樣的轉變也促使他在人生的下一個篇章——也就是擔任美敦力執行長和董事長（及往後生涯發展）——更加大鳴大放。

比爾發現：「我要是早一點省察自己為什麼這麼渴望勝選，渴望在高中得到一個頭銜，也許就能早點明白，自己根本就不想當漢威聯合的執行長，甚至不喜歡這個行業。」他走過這趟正視過去、打破慣有模式的歷程之後體悟到：「我應該去做自己熱愛的事情，後來我便在美敦力實現了這個想法。」他得先剝開洋蔥才能離開漢威聯合，打開通往美敦力的大門，然後終於在這個讓他熱血滿腔的行業綻放茁壯。他又補充道：「對了，那扇門其實一直都在。」只是他都看不見它，直到他一點一點剝去自尊心，才找到了深埋其下的東西。

找出真我

該如何著手應用你在藍圖所做過的一些「省察」活動，觸及位在「洋蔥核心」的那個真我呢？不妨仔細思考你是否有一些習慣模式會妨礙你在領導崗位上充分表現謙遜的態度，從這個方向切入會大有幫助。

你有沒有擺過架子，表現出虛張聲勢、恫嚇脅迫、吹噓自誇的模樣，或跟別人互動時盛氣凌人，這些跡象你是否察覺得到並願意開始做調整？愈是能擺脫裝模作樣的態度，用真實的樣子對待別人，就愈能夠率領大家更上一層樓。

拿出領導者的樣子聆聽

現在你已經深入認識了謙遜的連結元素，這會大大有助於你瞭解聆聽元素。

認真聆聽不但是領導者品格當中最重要的事情，也是能否有效領導的關鍵要素，而聆聽的對象除了一對一談話當中的個人之外，通常也包括整個組織（意即你必須掌握部屬有什麼樣的感覺，尊重他們的看法與觀感）。請試著超越自己，向他人學習，這是很重要的一門功課。

謙遜的精髓之處便是學習接納和理解我們並非在場最聰明的人，即使在某些情況下我們確實具備最多某特定領域的知識與專才，但是在別人面前炫耀這件事對我們本身其實毫無助益。想想看在你效勞過的上司當中，是不是有一些人老覺得自己懂最多，或總想講贏別人或根本不想聽別人講話。這種行為會打擊到部屬的士氣，不是嗎？學習真心誠意地用好奇的態度去瞭解別人的觀點，你會從中找到最棒的點子，幫助自己更明快地做出決定。

我與不少領導者輔導談話，從中發現領導者在聆聽及徵詢他人建言這件事上最常見的障礙之一，就是很多人其實都在錯誤的觀念裡打轉，以為聽取別人的想法就是「軟弱」的表現或會給人優柔寡斷的觀感。但實際上卻恰恰相反；領導者若是願意徵詢新想法，讓部屬感受到有人傾聽他們的心聲，往往會給人很強大的觀感。換言之，你對他人的想法特別好奇，就愈能夠得到更好的成效。

如此一來，你便可超越聆聽的範疇，將聆聽拓展為一種創意，為你的努力方向增添助力。當你體認到聰明的人非常多，而且他們所具備的知識對你的事業彌足珍貴，此時你的心態就會開始轉變成「謙遜模式」。

能夠打造具有各種專業背景的多元人際網絡——並且有辦法立即召集這群人前來協助解決難題——這本身就是一種領導技能，而且這種技能會使你成為不可或缺的人物。對我而言，此能力就棲息在聆聽的大傘之下，因為這意味著你必須對周遭環境保持靈敏，隨時敞開心胸，才能接收到最棒的點子。拿出領導者的樣子，學習用這種方式聆聽，是一門好生意。

在干擾太多的時代駕馭聆聽技巧

許多領導者在觀念上能充分理解聆聽是成功領導的重要元素，卻無法把這個認知付諸實踐。他們會插嘴、說服別人、打斷談話，甚至在整場對話和會議當中表現得很強勢。有時候他們沉默不語，但顯然心不在焉，純粹「做做樣子」表示參與討論，可是從頭到尾只等著輪到他們發言的時候。

為什麼這麼多領導者不認真聽別人說話呢？有一部分是因為許多領導者認為：「聽別人講話就表示我沒在『做』事。」如今是一個干擾太多、導致精神負荷過重的年代，這種現象又讓問題雪上加霜；我們對外界不斷的刺激已經習以為常，所以除了很容易分心之外，就連雙腳也會忍不住輕輕敲打，停不下來。我們可以做到人在現場，但能不能認真投入卻十分關鍵。唯有仔細聆聽才能完全掌握議題的癥結點；若缺乏全盤瞭解，恐怕會弄錯要解決的問題，或只處理其中某個問題表徵而未能釜底抽薪，這樣其實很容易浪費大家的時間。有不少領導者的難題在於，他們是真的懂很多，所以只不過大概聽一下，就馬上帶著「解決問題」的角度切入，但往往對狀況並沒有具體的掌握，如此很容易錯失在一開始就導正問題的良機，而本來有機會可以向那些更瞭解此議題的人學習，也因此浪費掉了。

更重要的是，你沒有認真聽別人講話，其實別人都「看在眼裡」，因為太明顯——他們會記在心裡，這對你絕對不是好事。但好消息是，反過來的道理也是成立的；假如你是聆聽高手，大家也看得出來。當你認真聆聽，全神貫注於當下，並且努力合作找出最佳解決方案時，他們點滴在心頭。當然，對此他們也樂於接受；擅長聆聽技巧的你，顯示出你是一個謙遜、願意學習，又對新想法抱持開放態度的人。聆聽明明很簡單，但卻是成功領導當中最容易被忽略的祕訣之一。

我發現了一套有助於聆聽的要領，可以讓各位展現出積極又高明的聆聽技巧：

❶聆聽時用「頭腦」找證據。

插話前先弄清楚「所有」的事實、數據和背景資訊。介入的時機很重要，務必練習耐心等候。請多多提問，找出更多相關資訊。

❷聆聽時用「心」去找能量。

對話過程中另一方有什麼行為表現？仔細觀察並解讀能量顏色。對方行為呈現的是綠色能量，即「樂觀」、「靈活」、「好奇」和「自信」？還是黃色能量，顯示「質疑」、「猶豫」或「不確定」？或是紅色能量，出現「生氣」、「寡言」、「避免眼神接觸」或「不理人」等跡象？員工會感謝你專注聆聽。一般來講，員工對上司察言觀色，但上司反過來對部屬察言觀色的卻少之又少；現在就由你來當這個例外！

❸聆聽時擴大範圍，將各種有關於此議題的其他意見都囊括。

之前的各種互動都會影響到你跟別人的每一場對話，所以如果想精準掌握議題，就一定要考量到所有的利害關係者。仔細聆聽各方對此議題的意見，即便是不在場的人士，也要聆聽他們的想法。你在實踐的過程當中，事情更完整的面貌就會逐漸浮現在腦海裡。

只要你實地操作這三種聆聽方式，你一定會很驚訝的發現，光是聽別人說話竟然能讓你在短時間內瞭解這麼多資訊。

另外，這個祕訣也要銘記在心：特別留意別人說過的話，等他們一說完，就用簡單幾句話把聽到的內容做個總結，總結時你不妨這樣問「我的理解對嗎？」，以此確認你沒有誤解任何資訊。部屬也會因為你認真聽他們說話，而有受到重視的感覺，這樣一來你便能做出更明快的決定，同時也傳遞出「我們大家齊心合力」的訊息。

瑪麗亞．艾蓮娜．拉戈馬西諾（Maria Elena Lagomasino，暱稱梅爾）正是體現這種聆聽技巧的領導者，她是財富管理公司 WE Family Offices 的執行長暨管理合夥人，負責率領財務顧問團隊。梅爾除了在銀行業務與財富管理事務上能力出眾之外，也擁有強大的領導力，特別是聆聽技巧方面她更是駕輕就熟。

梅爾是個十分謙遜的人，她的領導才能主要是用來拉拔別人成長，使他們得以施展全部潛能。為了達成這個目標，她認為多虧自己有聆聽技巧作為最有效果的工具，才能幫助別人充分發揮自己的本領。我為了這本書與她相談的過程中，她提到公司有一位很有才華的年輕部屬，對處理數據很有一套，非常擅長執行複雜的分析。有一次他們為了一位重要客戶的案子做開會的準備工作，梅爾問這位部屬會對客戶提出什麼建議。梅爾雖然覺得他的答案不理想，但沒有否決他的提議，或要他想別的做法。

梅爾反倒覺得好奇，她想知道這位部屬為什麼會想出這樣的結論，於是她提了一連串的問題，深入瞭解他的論據，幫助他發覺原來還有其他更好的替代做法。他們之所以能透過對話討論取得更好的成果，正是因為梅爾認真傾聽，用一連串問題追根究底架構議題，並一起合作將所提出的行動方案再做提升所致。這是一條雙向的溝通渠道。梅爾一邊回想那次互動，一邊表示：「那次機會幫助他成長為真正的顧問……我真的很喜歡瞭解別人，然後想辦法幫助別人成就最棒的自己。」

不問別人問題，不認真聆聽他們的想法，就沒辦法瞭解他們。這就是梅爾為什麼要用提問的方式幫助部屬想出解答，而不是直接下令或對他們長篇大論，為的就是確保「是部屬自己想出了答案，而非我告訴他們答案」。她解釋說：「我寧可把我跟部屬的往來互動想成是有意義的啟發時刻，而不想說那是機會教育，因為教育給人的感覺就是假設我懂得比他們多，但實際上未必如此。」

謙遜的梅爾特別謹慎地澄清，她並未將自己當作最聰明的人。她的做法主要就是透過認真聆聽澆灌部屬的成長發展，協助他們進行批判性思考，而自己也從他們身上學到東西。梅爾驕傲的說：「我把部屬想像成花朵，看著花兒綻放讓我樂在其中。」

廣泛聆聽

跳脫個人之間的對話，聆聽更廣泛的層面也是十分重要的能力。謙遜的領導者也要學習聆聽與重大決策相關、所有利害關係者的想法。

史蒂夫·克里斯（Steve Collis）是美源伯根（AmerisourceBergen）董事長兼執行長，這家首屈一指的全球型醫療公司每年收益超過一千三百五十億美元，其領導方針可以歸結為「我們比我更好」這句話。史蒂夫聰明靈活，領導直覺十分敏銳，又有搶眼的成功紀錄，即便如此，在啟動重大策略性任務之前，他一定會聆聽他人想法並徵詢專業意見。

幾年前，美源伯根收購了一家叫做MWI的動物保健公司。起初，這個事業體看起來似乎跟他們藥品業務沒有關聯，但是史蒂夫以開放的態度看待這宗收購案，興奮地想找出這個案子能創造哪些附加價值。他沒有擺出一副什麼都知道的模樣，反倒問了很多問題，廣徵意見，挖出同儕與同事的真知灼見。

史蒂夫知道這宗收購案若要結出美好的成果，就必須聽從原本就在MWI工作的人員所提出的建言。公司在收購其他組織之後便祭出鐵腕作風，強行實施自己的意志，這種情形太常見了。收購方公司不尊重被收購方的洞見與經驗，導致被收購的公司失去了自身特色，新公司最後往往走上失敗一途。但ＭＷＩ碰到的狀況卻是史蒂芬向他們的管理階層徵詢建言：「我們要怎麼做才能成功？你們有什麼想法呢？我們要如何落實你們的構想？」ＭＷＩ的人員發現自己的想法受到重視，都感到興奮莫名，再加上又能繼續主導自家公司的路線，所以更是願意為這家企業貢獻嶄新的能量、表現他們的敬業精神。ＭＷＩ從那時起便一直表現出色、表現卓越。這便是以謙遜來領導再加上「廣泛聆聽」，有助於實現最高成效的絕佳例子。

合而為一

其實，頂尖領導者就是連結專家和聆聽專家的結合，而謙遜則是融合連結與聆聽這兩種能力的美德。為了與利害關係者建立密切關係，並找到最佳的解決之道，你應該對自己有更深一層的瞭解；此舉有助於你褪去威望的裝飾，使你得以用真實的面貌與他人互動。另外，也請將你未必是任何場合中最聰明的人這一點內化在心裡；你的領導想達到更高成效，就必須敞開心胸接納其他構想，聽取組織內外其他人的看法與洞見。

第十九章

Chapter Nineteen

我可以幫什麼忙？

「成功的人永遠在找機會幫助別人；
失敗者則一直在問：『這件事對我有什麼好處？』」

—勵志演講者兼作家博恩．崔西（Brian Tracy）

各位在前一章學到了如何尋求並善用他人的洞見，藉此達到非凡的成果，現在我要傳授給各位的是，如何在打造生氣勃勃的企業、實現高績效並產出卓越成效的同時，**為他人提供協助**。

我常說「有效領導」這個概念浸淫在「我可以幫什麼忙」的精神之中。在很多情況下，這種精神指的是開口把「我可以幫什麼忙」這七個字講出來。不過從廣義來看，「我可以幫什麼忙」的精神傳達的是一種心性，一種對服務的熱衷，它會決定你如何在各種時刻為他人挺身而出。

生死這門課

二〇〇九年七月四日美國國慶日那個週末前的星期五下午，我在紐澤西收費高速公路往回家的路上，當天我以金寶湯公司執行長身分跑完了一天忙碌的活動。我妻子遠在華盛頓特區，幫女兒搬到新公寓。我綁著安全帶坐在汽車後座打起瞌睡來，這一週真是夠忙的了。車子開得很快，大概在時速一一〇到一三〇公里之間，直到我的司機把車撞上停在閘道出口的一輛大卡車後方。

幸好司機的安全氣囊打開了，他毫髮無傷的逃過這一劫。可是我沒有這麼幸運，差一點進了鬼門關。由於撞擊的力道太強，安全帶重壓我的身體，害我斷了十根肋骨，幾個內臟也受到重傷。經過十八個小時的密集手術，醫療團隊才把我「拼湊回來」，真的就是字面上的意思。

良久之後，當我在加護病房醒來時，感到既困惑又昏沉無力，整個胸腔和腹部都痛得不得了，眼神聚焦後看清楚的第一樣東西，就是妻子莉伊站在我身旁那令人寬慰的景象。她從華盛頓特區飛奔到創傷中心，想到我醒來後身邊沒有人陪伴就感到十分恐慌。她緊緊握住我的手，對我說了一句我這輩子都忘不了的話：「我就在這裡。」

護理師後來告訴我，我尚未恢復意識的時候，莉伊拒絕離開我一步，甚至連去裝杯水或上洗手間都不肯。她害怕要是離開那麼一下下，我就剛好在「那一下下」醒過來了。直到今日我依然心存感激；當我在那日光燈亮晃晃的病房裡昏昏沉沉睜開雙眼，搞不清楚自己身在何方時，她那張熟悉的臉龐還有她的手傳來溫暖的撫觸，讓我感到無比安心，我也因此穩穩地落了地。在那個當下看到莉伊的身影讓我有力量去應付發生在我身上的事。她做的只不過就是出現在我眼前而已，但是在我最需要她的時候，她的現身陪伴這個簡單的舉動卻給了我莫大的幫助，使我能堅強面對接下來那條漫長的復原之路。

主動支援

那天莉伊給我的支援可以說加強印證我在整個職業生涯當中對於領導力的深刻體悟。我不必告訴她我需要什麼，她就主動回應了我想要她幫我、陪我的需求；這賦予我堅持下去的力量與決心。在領導方面也是同樣的道理，我發現無論問題有多複雜或情況有多迫切，部屬有時候需要的只不過就是領導者的主動與支援；他們希望聽到上司主動說「我就在這裡」、「我與你同在」、「我們一起面對」。出面讓部屬接觸得到，不但可以激勵他們，讓他們重振決心，也能夠鼓舞他們渡過難關。這便是一種給予支援的做法。

發生那場車禍之後，我回想起第一次跟尼爾．麥肯納通電話的情形。當時他在電話那頭對我說的第一句話就是「我可以幫什麼忙」。各位或許會覺得就業顧問第一次跟客戶洽談時用這種開場白也是理所當然。但是，我和尼爾有過數百次對話，而每一次談話他都會先講「我可以幫什麼忙」。也就是說，尼爾只要一接起電話，不管電話那頭是誰，他一定先講這句話。尼爾不先說「喂」，而是一心想著要提供協助。

每一次互動時都以「我可以幫什麼忙」作開頭，尼爾想給予協助的那份誠摯之心在我們整個對話過程中閃耀著光芒。尼爾現身支持我，而且不止一次，只要我們碰面，他都會這麼做，這啟發了我，讓我也把這種做法應用在我自己的領導旅程當中。

尼爾輔導我的任務結束之後，我特別努力在更多的對話當中運用「我可以幫什麼忙」的做法，只要時機恰當的話。這個方法真的有效，我發現用服務取向的立場接觸別人不但十分討喜，而且由於很少有人會這麼做，所以多半會讓對方覺得驚喜。為別人提供協助，竟然讓人覺得出乎意料之外，實在是一件傷感的事。有太多領導者被自己的工作夾攻，以致於忽略了跟別人連結的機會；例如有些領導者總是忙到看不見人影，光是要他照預定時間接個電話都做不到，就更別提親自出席會議了；又例如有些領導者每次談事情時總是只顧「他自己」的需求，從來不曾觀察現場的氣氛或確認部屬是否有必要工具可以完成工作。

日子一久我發現，要是我多提供合作的部屬一些協助，多給他們一些能量為公司打一場美好的仗，他們反而也會為我這麼做，我們之間的關係也會因此變得更富有成效。

頂尖領導者就是最有幫助的人

我在醫院那段時間，有一群護理師、醫生和支援人員照顧我，讓我逐漸從車禍意外中康復。他們總是專心為我做檢查，問我痛不痛，認真聽我的回答，補強或調整我的治療處置。不過他們並非個個都很熟練，就像不管在哪個組織，一定會有更內行、更有經驗的專業人士。

我很快就發現，從某個重要的差異便可斷定一個人究竟內不內行。最敬業的照護人員每次來巡房時，都會用「我可以幫什麼忙」那種準備幹活的精神處理我的事情。最優秀的幫手在跟我互動的時候總是全神貫注，既不緊張、不遲疑，也沒有一絲保留。他們很有自信，富有慈悲心，不吝於付出時間、注意力和專業知識。他們不但仁慈，而且充滿信心。

我體認到，最優秀的專業人士也最仁慈，**他們最懂得如何在工作上活用知識**。

很多人以為，領導地位是靠耍威風或雷厲風行贏來，又或者是用裝忙、讓人找不到或高高在上的模樣撐起來。有抱負的領導者往往會擔心一旦表現出仁慈，便會暴露自己的脆弱，或覺得為別人提供協助會讓自己看起來很「弱」。但我觀察到的現象卻恰恰相反；我在康復的過程中發現，從照護人員提供協助時展現出多少自信與慷慨，就能輕鬆斷定他們的專業程度。這對我而言是一個深刻啟發。

我發現只要是「專業級」幫手照料我，不但會讓我安心，覺得有內行人照顧、一切一定沒問題之外，還會感受到一股想繼續加油、繼續奮戰的動力。身在這樣一個很容易沒信心又絕望的處境，多虧他們的熱心給了我度過治療過程的信念，激發我想盡最大的努力讓自己康復，這樣才配得上他們所奉獻的精神。

正因為我在醫院有了這樣的觀察心得，再加上回想過去和尼爾相處的那段日子，我個人領導哲學的核心原則又再一次得到強化：多多用「我可以幫什麼忙」的角度處理工作，會讓我們變得更有效益。如同最優秀的護理師就是最優秀的幫手，頂尖的領導者自然也是如此。

想要達到理想的領導成果，就必須讓部屬看到我們為了他們的成功付出了多少心血，也要讓部屬知道我們需要他們的支援，還有我們有能力也願意跟他們攜手合作，達成共同的目標。部屬通常也會被困在由各種挑戰交織而成的複雜情況裡，跟領導者面對的狀況一樣。他們收到的電子郵件、簡訊和電話不會少。他們的注意力被孩子、親戚、父母、配偶、宗教團體、讀書俱樂部、待辦清單、廠商、同事、保母和銀行帳單爭來搶去，全都指望著他們別搞砸。

有時候部屬需要的只不過是領導者在緊要關頭出面站在他們身邊，讓他們知道你就在一旁陪著他們，也願意協助他們做有利於他們完成工作的事情。

當我們提供協助時，就是讓部屬知道他們有內行人的關照，同時也是在鼓勵他們仿效我們的熱忱，用心對待自己的工作與奉獻，藉此激發大家共同努力。

這種做法看似顯而易見，但顯而易見的事情卻總是一再被忽略，真是太可惜了，因為領導力最強大的真理往往可以由此而覓得。

日復一日

若要將領導力牢牢根植於協助他人的精神中，有一個方法可以產生顛覆性的效果，那就是從你跟別人的互動做起，實地多多運用「我可以幫什麼忙？」這短短幾個字——不只是從廣義層面把協助他人的「氛圍」展現在你的做法當中，而是要實際開口說出「我可以幫什麼忙」這幾個字。當你發現這句話講出口之後確立了整個談話的基調，有利於你塑造出更具建設性的關係時，一定會感到十分驚喜。

首先，你在開口詢問可以幫什麼忙的同時，就等於直接把重心擺在「對方」身上，而不是你自己。這個舉動的用意就是以「對方」的問題與需求為中心。（光是這樣做就能改善互動的品質；因為正如「謙遜」一章所點出的，領導者往往有想掌控對話的傾向。）部屬對於這種做法接受度非常高，因為這跟他們司空見慣的方式可以說有天壤之別。

商業界有個很糟糕的現象，那就是很多部屬覺得他們和上司之間的對話就像在做交易，或互動當中總透露出不耐煩或有隔閡的弦外之音。部屬往往有被貶低、受到打擊甚至被孤立的感受。他們也許非常希望得到上司的協助、建言、支援或指引，但他們不想開口要求，因為怕這麼做會讓自己看起來太脆弱；更麻煩的是，怕自己看起來太無能，好像沒辦法勝任手邊工作似的。但是等到他們好不容易鼓起勇氣向上司開口，卻發現上司並沒有認真聽他們講話。領導者這樣的表現不夠好；領導者可以也必須做得更好。

在此要澄清的是，所謂做得更好並不是要你處處照顧部屬或把他們捧在手心上；他們依然要負責做好自己的工作並為績效扛起責任。除此之外，實際上也不可以在

「每一次」對話中都用協助他人的立場去主導，因為在很多情況下，你還是得依照實際需求運用不同的做法。只是對領導者而言，其實有很多機會可以把這個層面再做得更好一點，從小小的步驟做起，用這種方式來開啟更多的互動，更明確地傳達我們會為部屬的成功喝采，我們會與他們同在，且如果恰當的話，我們會「支持」他們。

我建議的這些做法綜合起來，就是領導者起碼可以做到的事情，然而很多部屬恐怕連這種最低程度的支援都不會有期待。這就是為什麼當你下一次跟部屬談話，光只是問他「我可以幫什麼忙」，連其他的客套寒暄或通常你會用的開場白都省略時，對於這句話竟然有消除敵意的效果感到震驚的原因。因為一般而言，員工都已經準備好要報告他們為了協助「你」這位上司所做的工作，不會想到上司會反過來詢問他們。

正如當時在醫院裡莉伊預先考慮到我的需求一樣，「我可以幫什麼忙」這幾個字可以主動出擊因應部屬的需求，而不是被動等著做反應。這句話讓部屬有機會感受到自己被傾聽且受到尊重，不但能馬上發揮重視部屬的效果，同時也簡單俐落地顯示出你與他們同在、你們一起面對狀況。最終，這也會傳遞出組織從上到下都關心員工的訊息。

「我可以幫什麼忙」只有寥寥數個字，卻能改變職場的整體能量，真是奇妙。只要你多多運用這句話，其他部屬也會跟進。你會慢慢穩紮穩打培養出一群「好幫手」，他們會集結起來合作產出卓越績效，把企業從一個以「我」為中心的文化轉換成從「我們」來著眼的文化。現在就開始加入這場實踐，如果可以的話，不妨從你下一次的互動做起，你會因此而改變。

留下傑出貢獻

最後一個可將「我可以幫什麼忙」精神連結到上一章〈謙遜〉概念，就是當你以自己為優先，那麼你走的便是一條孤獨之路。這是因為凡事都取決於你，當然你走這種路線或許是為了不讓別人礙手礙腳，但如此一來你也會發現沒有人可以協助你。然而，如果你把協助他人列為首要之務，你就能創造一群像你一樣的幫手，這些幫手全都會回過頭來幫你推展工作事項。你以身作則，向他們示範最佳作為，這便是種瓜得瓜的道理，助人又得到人助，過程中產生一種有建設性的合作關係。接著你會突然發現自己不再孤單了，甚至會覺得你擁有的支援超乎想像得多。運用「我可以幫什麼忙」

的精神可以讓你完成更多工作，是一種能發揮事半功倍效果的聰明做法。

多年前我因為那場車禍躺在醫院的病床上時，腦海裡有一個很清晰的想法，那就是人生短暫，所有的一切可能在一瞬間就消失了。大限來臨之時，我認為最值得留下的成就莫過於用心實踐的績效，而這種績效是以奉獻精神和仁慈之心所達成，而非透過不計代價為求自保的手段。你不需要在追求職場勝利與善待他人之間做出選擇，因為你可以同時做到，也必須做到。只要你願意將助人的精神化為具體行動，便可兼顧兩者。

第二十章

Chapter twenty

樂在其中

「工作是愛的體現。」

—黎巴嫩裔美國作家卡里・紀伯倫（Kahlil Gibran）

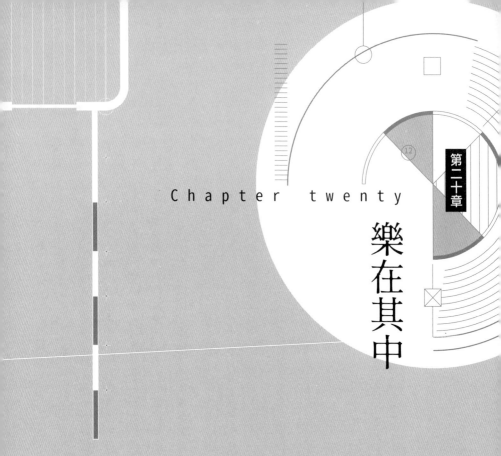

我被開除以後，花了整整一年的時間找工作，最後總算在卡夫食品覓得一職，我決心要證明自己。經過那段漫長的求職過程，再加上我滿腔熱血、一心想拿出表現，所以抱著嚴肅以對的心情履赴新職。想要把工作做好，在職場上就必須隨時隨地用認真、自律又循規蹈矩的態度去做事——至少我是這麼想的。然後，我遇到了老闆的老闆喬伊．杜雷特（Joe Durrett），他給我留下十分深刻的印象。

正如各位對成功的上司會有的期望，喬伊是個績效取向的領導者，也是一位能善用方法來解決問題的人。他設下高標準，同時也積極去實現。他靠著這些能力晉升到公司舉足輕重的職位，是一位成效卓著的領導者。然而，他又跟我見過的一些資深高層不同——他不會太執著在自己身上。喬伊魅力非凡，總是笑容滿面，對人沒有戒備，到哪裡都開開心心的，跟他相處真的很有趣。

隨著我逐漸適應卡夫的管理新職，我特別喜歡觀察喬伊跟部屬合作的情形。當時的我正在尋找自己的立足點，在這個令人振奮的生涯新篇章摸索領導部屬並與他們互動的方法。我和尼爾．麥肯納的合作喚醒了嶄新的領導和人生途徑。這次重新開機把我升級為「道格2.0版」；我的人生得到第二次機會。

這是我第一次整備好心態，要接收周遭世界拋來的各種課程——包括各式各樣的新模式、為人處世的方法及影響他人的各種做法。喬伊的領導風格啟發了我；他憑直覺知道如何緩和氣氛，讓部屬輕鬆一點，使他們感到自在的同時又依然能維持高績效的表現。同事們對他的做法反應熱烈，因為他的作風不但化解緊張氛圍，更讓部屬可以做自己。

我從觀察喬伊的過程中領悟到，嚴肅面對工作的同時也是可以樂在其中。這不但做得到，也是更討喜的方式，甚至可以發揮更大的影響力。因為我發現，當我在自己的領導作風上多增添一些愉快的元素、讓大家心情輕鬆的話，底下團隊的工作品質往往會提升更多。

這在當時還只是一個初形成的概念，後來漸漸鞏固成對我而言的絕對真理：你可以樂在其中，同時又能把工作做好。我真的想像不到還有比這更棒的領導方式；工作了無樂趣，精疲力竭也只是遲早會成真的事。

這大概就是為什麼在我貼身觀察過、輔導過及合作過的領導者當中，還沒見過有哪位長期成功的領導者未真心樂在工作的原因。

不過話說回來，「樂在其中」這個建言在領導旅程當中恐怕是知易行難，所以不妨利用一些方針幫助你真正實踐這個道理。

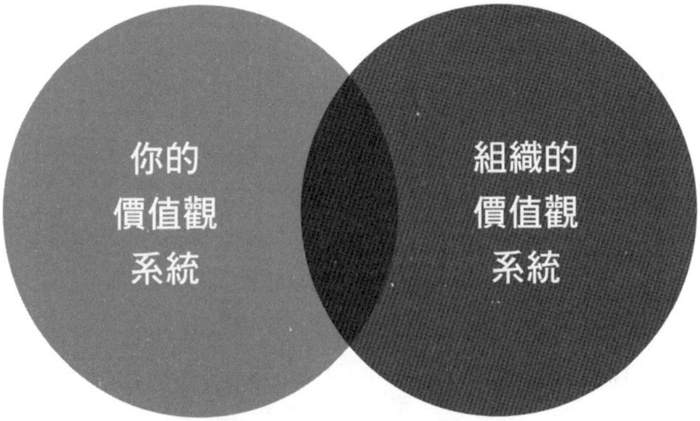

圖 20.1：價值觀圖表

到哪裡都能綻放

你能否樂在自己的領導工作之中的其中一個最關鍵的因素，就是要找到在價值觀方面能跟你契合的組織。接下來我以簡單的文氏圖（上圖20.1）來探討文化契合度的概念。

從文氏圖可以看到，其中一個圓代表你的價值觀系統，另一個則表示組織的價值觀體系。想必你也認知到這兩個圓要完全重疊基本上十分罕見，所以此時的課題就變成兩個圓之間重疊的部分，是否「足以」讓你從那些代表組織所做的工作中得到成就感。重疊的部分愈多愈好，表示其中蘊藏著更多的喜悅、成長與樂趣。

做過藍圖六步驟之後，會促使你從最重要的事項著眼，如此一來你就能利用文氏圖評估自身的情況。換句話說，做完六步驟之後，你應該會對自己的價值觀有更清楚的認識。接下來要做的就是剖析一下你和公司文化在價值觀方面的重疊狀況。

你和公司的價值觀是否夠吻合？這些吻合的價值觀是否讓你有空間可以綻放、發展、成長並找到快樂？

務必找到一個可以讓你的日常工作與個人信念相互搭配的環境。我在〈謙遜〉一章提到比爾的故事，他就是一個很好的例子。比爾在工作上一直找不到真正的滿足感，直到他做了省察，更加瞭解自己的價值觀，然後再刻意去尋找符合自身價值觀的公司，最後找到了美敦力。其實同樣的道理往往也適用於身處在職涯各個階段的領導者。你跟組織文化連結得愈緊密，就會覺得更快樂。

假如你評估所處的職場文化之後發現重疊的部分並不多，也許這是因為你目前的處境導致你無法輕易離開這份工作，但這並不表示你就沒辦法在工作崗位上找到樂趣——只是說當你現在的環境跟個人理念不是那麼「合」的時候，你就得多努力一點忠於自己。

假如你不得不繼續打拚或在稱不上理想的工作情況中熬上一陣子（就像很多人面

對的狀況一樣），也請明白你可以趁此機會檢視，對「未來」什麼樣的工作環境能支援你找到快樂有更加清楚的認知。就把現在這個處境當作上了一課，等到時機成熟，必定會有更燦爛的未來等著你。

「製造」樂趣

本書一再強調以身作則的重要，而「樂在其中」當然也應該由領導者示範。如果你想樂在工作，先以你覺得自在的方式從「製造」樂趣做起，如此不但可以讓部屬放輕鬆，也能將這種良性氛圍散播到整個組織，或至少讓你的團隊有好氣氛。

你可以從一些小地方著手，像是多一點笑容或表現得更親切一點。假如笑臉迎人不太符合你的風格，不妨試試其他更適合你性情與個性的可行做法。例如說安排一些在公司外部舉辦的會議，隨性一點的環境有益於營造歡樂的氣氛；有時候來個「邊走邊談」的會議也不錯，不一定要坐在辦公桌後面或圍著會議桌開會；或可以想辦法規劃一些派對或慶功聚會，讓大家從壓力中解放一下。

無論做什麼都要設法在你出現時讓別人有好心情。當你提升同儕與同事的自信時，你本身也會因此感到特別愉快，如此一來就能形成歡樂與生產力兼顧的正向循環，製造更多活力。

〈勇氣〉一章曾提到協助過我的領導教練黛柏拉，她對領導者的建言是：「你人生的頭號任務就是竭盡所能維護他人的自信，要是能做到這一點，你的人生就會過得不錯。」為什麼呢？因為投射和散播自信的關鍵就在於先用「你的」行動來散播自信，以此幫助別人喚醒他們的自信。這件事情由你來定調；因此，請伸出你的援手，友善待人，讓別人找得到你，也要表現得平易近人。你向這個世界釋出善意，終將獲得十倍的回報。

先照顧好自己

我常常提到這句諺語：「空杯子倒不出水來。」對這句話我真是再贊同不過，因為這意味著你得先照顧好自己，才能把你最好的東西給你周遭的人，我就親眼見證過這個道理。在我的領導旅程中，當我在圓滿又感激的心境下處理狀況，而沒有那種處處受限、枯竭或空虛之感時，往往就是我最敏銳、能好好解決問題，又可以現身支持他人的時候。為避免出現枯竭的感覺，我開發了一些做法和儀式來補充能量，為我的人生找到平衡點。這也是所有領導者務必要做的事，因為想從工作和生活中得到成就感與快樂的先決條件就在於此。任何工作，無論它有多偉大不凡，假如你不找到適合自己的方式追求平衡、重振能量，那麼最後都會變成一堆麻煩和苦差事。

五大支柱

接觸過史蒂芬．柯維的教誨之後，我創造一種檢驗法，可以用來確認我維持了平衡，讓我得以把最完整又最熱忱的領導力表現都用在我追求的東西上。

我根據經驗和省察的結果，找出了我必須加以同步處理，才能保持步伐、活力充沛的五大支柱：**工作**、**家庭**、**信念**、**社區和個人安康**。

我大約每個月會在心裡做一次查核，問問自己在這五個方面「做得如何」，然後看狀況修正路線，以便維持我繼續做出貢獻的活力與能力。通常來講，要是我覺得筋疲力竭，就表示其中一個支柱失常了，我只要讓它恢復正常運作即可；例如也許我需要花更多時間陪伴家人，或每天一定要到戶外走一走來增進自己的健康。五大支柱檢驗法非常有效，就像有魔法一般。

我鼓勵各位根據自己使用藍圖的經驗，仔細思索「你」的五大支柱是什麼，把它們作為定期「查核」自我的標準。

除了利用五大支柱作為指標，評測自身努力與活力的續航力之外，我也設計了進一步的實踐做法，確保我隨時都能「從全滿的杯子倒出水來」。身為金寶湯公司執行長，我每天都起得特別早，然後獨自在花園裡安靜地省察我自己。在那段早早的晨光之中，我會喝杯咖啡，享受大自然，做正念練習，把自己準備好面對這忙碌的一天。我對這個晨光活動充滿期待，因為這是保持頭腦清晰冷靜的必要措施，如此一來我才能用熱情還有樂在其中的心情，處理這一天的事務。

每一位領導者都必須找到類似的做法儲備自己的活力，否則的話，你對工作的熱情就會變得愈來愈黯淡，甚至消失殆盡。

熱愛

領導者若想在專業上有傑出表現，同時又能樂在其中，除非深深在乎自己所做的事情，否則很難走得長遠。這是有它的道理在的；既然醒著時花了這麼多時間沉浸在工作裡，或為工作做了很多思考和準備，難道不該為人生中這個不可或缺的角色注入熱情與動機，讓自己樂在其中嗎？人生短暫，對工作滿不在乎就可惜了。在這地表上，工作盤據著很大一部分的人生，可千萬別陷在痛恨工作的心境中。

熱愛你做的事會讓你更擅長這件事。

我把自己有機會做意義重大的工作當作一種殊榮。當我在企業界碰到難熬的狀況時，只要想起這一點就能幫助我再次振奮。能跟傑出的人才一起做我熱愛的工作，共同攜手創造一個可以做大事又充滿樂趣的環境，這種對我而言像是中了大獎似的心情從來沒斷過，總是讓我覺得興奮又激動。

雖然熱愛工作未必能保證會有卓越的表現，但就我所見過有辦法長期達到績效的領導者來說，他們每一位都熱愛自己的工作（也因此能清楚看到自己的使命）。就算這些領導者未必喜歡經手的業務，但他們會找到方法愛上領導這份工作。

由此可見，我認為如果你想以最快樂的方式成為最傑出的領導者，那麼拿出超凡的熱忱，彰顯出領導對你的重大意義，勢必對你大有助益。這股熱忱會在你碰到苦不堪言的情況時，驅策你繼續向前邁進。

也許你聽過這句話：「如果熱愛你所做的事，這輩子都不用再工作了。」這個概念挺不賴的，但不是百分之百正確。無論你想在人生和領導之路上完成什麼目標，工作都是必須的，不是只有在有趣又刺激（會常有這種情形）的時候，即便是狀況嚴苛又痛苦時也依然要工作。有時候值得去做的事情會讓你覺得很辛苦，這表示你那份「愛」上場的時機到了；逆境會考驗你的熱忱有多深。

假如你真心熱愛領導，就會發現這種愛就是驅動你的引擎，會在你碰到看似無法超越的挑戰時，幫助你堅持下去。當狀況很棘手時，這份愛幫助你挺身面對。當事情看似不可能做到，這份愛推著你再朝著目標多努力一點。當你想放棄的時候，這份愛使你堅持到底。

把愛注入工作之中，便能重振你的熱忱，憑著毅力挺過潮起潮落，因為你真心想要這麼做。這份愛讓你真正體驗和享受「潮起」的感覺，這種成就感、堅忍不拔的精神，還有從挑戰中摸索到出路時那種自豪感壯大升起的感受，是沒有東西可與之比擬。你找到了方法享受這整套甘苦兼有的領導旅程，因為無論你面對的是順境或逆境，都能牢牢把握自己之所以要領導的理由，而你最終會因此而變得非凡。

寶貴的人生只有一次。除了你個人的成就感之外，部屬也需要一位對領導充滿熱情的上司；也就是說這位上司致力於實現成效，並且一心想發揮影響力。坦白說，假如你做了省察後，發現自己不喜歡這種壓力、不喜歡跟別人接觸，對發揮影響力不感興趣，也不喜歡辛苦和麻煩事，那麼領導這件事就不值得你去做。另外再找找你熱愛的事物吧！唯有你熱愛的事情才能支撐你、激發你。

第二十一章

Chapter twenty one

忠於自我

「你要不就走進自己的故事裡掌控它，
否則只能站在故事之外找尋自我價值。」
—研究教授兼暢銷書作者布芮尼・布朗（Brene Brown）

現在你已經走過一趟藍圖旅程，表示你準備好要完成不可思議的任務了。擁有知識、洞見、能力與品格的你已經有辦法突破瓶頸，盡情施展地影響力，並且改變你的人生。一切都在等著你。你已經投入其中，也做出承諾，現在，只要順著這條路走就可以了。

這不是結束，而是開始。

接下來你還會繼續不定期精修自己的「地基」及其主要組件，只要你有時間或隨時想回過頭檢討的時候。假如你致力於更上一層樓，設法對世界發揮更大的影響力，那麼當你在適合自己的時機點用恰當的方法持續回過頭來耕耘藍圖，你這一生便會得到很大的滿足感——以一種可控管又漸進式的方式。每一次重做藍圖六步驟的過程都會變得愈來愈輕鬆，你的即時作為與反應也會變得更敏銳、熟練且更有建設性。換言之，你會一直進步。

世上只有一個你

你的人生故事就是領導故事，這是《領導力藍圖》主要想表達的精神。唯有你可以寫這個故事，唯有你可以繪製自己的路線。六步驟已經幫助你跟自己獨特的天賦、洞見、經驗、目標與夢想有了更緊密的連結。雖然你已經研究過偉大的領導者，也學到了從他人身上觀察和學習的好處，但我不希望你用別人的方式領導。我希望最終你能領導出自己的風格；世上只有一個「你」，沒有任何其他人類可以複製你個人的「藍圖」，能掌握你獨特的地基。請珍惜這份認知，你的貢獻是獨一無二的。

唯一的「出路」就是往「內在」探索

你會在這充實又多彩多姿的一生當中碰到很多障礙，有些障礙或許輕易就可以跨過去，但有些障礙不容易超越，說不定在最黑暗的時刻，你會覺得周遭世界像是要崩塌似的。那種感覺我記憶猶新；我被開除後那種令人絕望到反胃的感覺一直啃蝕著我。不過，曙光仍在。我找到了一盞明燈，現在也把它分享給各位——**唯一的**

出路就是往內在探索。為了找到解開潛能的方法，設法突破瓶頸，我必須往內在去尋找。這番道理同樣也適用於各位及世上所有的領導者。

只要你忠於自我，就有能力做大事。你可以克服艱難險阻，再困難的事情都有辦法去做，你能夠活出自己所展望的人生。你可以做得更好、再更好，甚至再「更好」。你可以影響別人，影響周遭世界。無窮無盡的可能性等著你；你可以做「任何事」，無論這件事對你來說是什麼，只要能點燃你的熱情、自律、意念和決心的東西。不過要銘記在心的是，你的領導作風未必要跟別人一樣。適合別人的東西雖然十分有用，但「未必」適合你。未來無論遇到什麼試驗或磨難，能讓你堅持不懈的祕訣就潛藏在你獨特的人生經驗，包含你的信念、洞見和能力中。

當你心中有疑慮，或對未來感到不確定時，別忘了忠於自我是這整套流程的初衷。對這世上大部分的人來說，藍圖是指可以實現建築師夢想的工具，而**你剛剛完成的「藍圖」則是用來實現你領導之夢的工具**。莫忘了建築師奉為圭臬的道理：蓋摩天大樓的祕訣就在於打下很深的地基。沒有結實堅固的地基，建築物就抵擋不了災害，很容易因為本身的重量而傾倒，或挺不過惡劣的天氣。

同樣的道理也適用於領導。長期成功的領導者——無論其職銜、所處產業或專業領域為何——都有紮實牢固的「地基」，幫助他們堅守自身的價值觀，忠於自己獨一無二的性格、個性與氣質，並得以用最有生產力的方式發揮他們一身的本領。現在，你正是這些領導者中的一員，你已經踏出了第一步，手上擁有成功所需的一切要素。

衷心盼望，你這一生有一股熱忱驅策你繼續開發自己的領導方法，這樣一來，你就會對自我和身為領導者的那個你有更深的瞭解，超乎你的想像。另外你也會發現，隨著你耕耘這塊場域，身為領導者的你在跟他人互動時不但會更有效益、發揮更大的影響力，你也會從這些互動當中得到更多喜悅和振奮。假如你持續磨練你的地基，那麼走過由內而外的流程之後會幫助你從根本提升自己的領導力。你的領導力已經做好準備，透過品格與能力展現你的高績效。

這是你接下來的人生或領導故事的起點，旅程由此展開（或重新啟動）。就從今天開始向前邁進吧，你打算用這寶貴的一生做什麼事呢？你想啟發誰？你打算以何種姿態現身？你想對別人發揮什麼影響力？

等你踏入領導旅程的下一階段，請記得我就在你身旁為你加油打氣。無論你為了什麼而奮鬥，我一想到你會把各種正面的領導才華分享給這個世界，就讓我感到興奮。大家都在等著你創造一番新氣象，就是現在，出發領導吧！

後記

讀完《領導力藍圖》之後，想必各位對自我有了更踏實的想法，也更加瞭解自己在領導方面的貢獻。此外，被一位非凡的執行長同時也是真正的好人（mensch）指導是什麼樣的感覺，各位也已經體驗到了。

第一次聽到意第緒語（Yiddish）的 mensch，是我搬去紐約市的時候。這個字之所以引起我的共鳴，有一部分是因為身為丹麥人的我第三語言是德文，另一個原因則是我知道這個字跟真實和真誠有關，也就是指完整的人：會聽從人性中的良善天使的人。而道格，正是這樣的人。

我與道格初識是在九〇年代，當時他來參加於猶他州日舞舉辦的「史蒂芬·柯維的與領導有約」休閒營，進而加入我們的行列。這個休閒營吸引世界各地的主管前來體驗，多年來由我主持。後來，道格當上金寶湯公司執行長，我也開創了自己的事業，他邀請我跟他一起成立金寶湯執行長學院；透過這為期兩年的課程，他想親自指導下一代有長字輩資質的高管。

雖然我主持過各式各樣的課程，但學院的課程十分特殊。這位執行長希望每一堂課都跟別人一起來授課，他也辦到了！不管遭遇到什麼狀況，從財務危機乃至於那場幾乎害他喪命的車禍，道格始終都在那裡幫助那些主管找到他們的領導聲音，而他唯一想得到的回報就是他們也為底下的主管做一樣的事情。

從那時起就一直是這種作風：道格現身在執行長學院三位志同道合的夥伴面前，當我們在HALI教導兩百多位來自二十多家公司的主管時道格也現身於此，另外道格也現身在ConantLeadership新訓營他所指導的數百名主管面前。現在，有了這本《領導力藍圖》，道格也為各位讀者現身。當然，他的期望就是你也能現身在你領導的部屬面前。

身為道格的多年好友、同事和共同作者，我要請各位在繼續你的領導旅程之時，將以下四件事牢記在心。

一切講的就是績效。《領導力藍圖》探討身為一個人和領導者的成長——成長到能承擔更大的責任。當你愈來愈引人注目時，別忘了一切講的就是績效。也就是說，重點在於今天就要實現績效，「而且」必須幫助周遭的人變得更能幹。如果你保證達到季目標，就一定要做到！如果你承諾提升大家的幹勁、創意和本領，就要做到！

道格雖然十分重視省察和探索內在，又是研究領導力這門學問最不遺餘力的學生（他是我所知最嗜讀的執行長之一），但是在他眼裡一切講的就是績效。

事關個人。道格會請我們指導的每一群主管，親筆把自己的意圖、實踐做法和進展寫下來交給他，他一一讀過之後會回信給他們。我曾說他這樣做負擔太大了，但是道格回答：「我想讓他們知道領導是攸關個人作風的事情。」

當你想到下屬時，會關注他們的意圖、實踐做法和進展嗎？你跟部屬面對面互動時，會把手機丟開，專注於當下嗎？你尊敬部屬嗎？你是否展現出這事關個人作風？

重點在於實踐。我和道格合作撰寫《別讓改變擦身而過：領導，就在短暫互動中》（*TouchPoints*）時，探索許多十分有意思的構想。不過道格總是一定會問：「那麼這些構想週一一早都在做什麼事呢？」

領導講究的不是你怎麼想，而是你如何呈現出來。每一個人都有美好的意圖，但光這樣還不夠美好，領導需要的是實踐這個意圖。況且，你該怎麼做才能多塞一件事到行事曆裡？**務實一點很重要**。

別被雄偉華麗的目標所誘，一開局就推得太快太急很容易絆倒。你應當為成功做好準備，先從小地方做起，再逐漸導入你的行程之中。無論你從多小的地方做起，恐怕道格還是會鞭策你把它拆解得更細，直到縮小到你心裡會想：「喔，這太簡單了，我一定做得到！」。

不需要追求完美，持之以恆最重要，明天要做得比今天更好一點點，所以我們在HALI最愛的「道格主義」就是——「我們可以做得更好。」

重點在於使命。善加利用藍圖六步驟之後，會有更多的成功、驚喜和挫敗被你吸引過來。成為一個完整的人意味著無論人生拋什麼東西給你，你都要利用這些東西幫助自己成長，而這也衍生出另外兩項我最愛的「道格主義」。

培養復原力與幽默感。我從沒聽過道格抱怨投資人，也不曾聽他哀嚎遇到難搞的董事或悲嘆過個人的創傷痛苦。不過如果他笑著說「這可不是瞎掰的」，就表示事情其實很棘手（但他隨遇而安）。當他講這些話的時候，至少在那麼一瞬間，身上的千斤重擔也減輕了一些。

培養靈活度。對於大家都在說自己有多忙，彷彿這種忙碌的形象就像一枚榮譽勳章，所以我本身絕對不說這些話。那麼我都怎麼說呢？我發現道格不曾說過他很忙，事情一大堆的時候，他反而會輕笑著說「生活真是充實！」接著再繼續設法提供協助。這的確是充實的生活，而且幫助他人也使人生充滿成就感。

這是我的殊榮，除了有幸與道格攜手合作將近十五年的時間外，又見證他因為幫助其他領導者變得更有想法、在工作中找到喜樂並提升他們的貢獻度而得到滿足感。他的傑出貢獻正是指導下一代領導者，協助他們找到自己的使命，並關注自己的潛能與各種可能性。

不過，這本《領導力藍圖》的主角不是道格，而是各位領導者。因此，我要請你想像一下，幾年以後有一位跟你很親近的同事寫了關於你的故事，你覺得這位同事對於你如何呈獻自己，對於你所創造的新氣象，還有對於你的存在與使命會寫些什麼內容呢？

梅特．諾加（Mette Norgaard）

致謝

首先也最重要的，我要感謝我的妻子兼人生伴侶莉伊。這四十年來，我們肩並肩走在這趟旅程上，給了這本書誕生的機會。她對我的標準一直都很高，也始終給我無條件的愛。有她同行，我變成一個更好的人。若沒有她相伴，我絕對寫不了這本書。

我也要向艾美致上十二萬分謝意，謝謝她在寫作上的支援，我有幸與她搭檔合作。她豐富的洞見拓展了我們的論點，讓內容更有層次。

另外，也感謝我的幕僚長瑪拉．卡茲奇斯（Mara Katsikis），過程中有她的看照，確保了作品的素質。

ConantLeadership 的辦公室多虧有執行助理黛安娜．漢森（Diana Hansen）的專業指引，才能順利運作。她精通行事曆管理，造就了我們這個麻雀雖小、五臟俱全的團隊，把產出擴充到最大。除此之外，本書所有的圖像幾乎都由黛安娜設計；她的平面設計功夫促成《領導力藍圖》這本書的實現。

我對領導力的思維深深受到這位特別人士的影響，他就是梅特，我們兩個合著《別讓改變擦身而過：領導，就在短暫互動中》，也一同在HALI指導學員。梅特可以說是研究領導力的資優生，甚至天生就是這門學問最棒的老師。本書有很多練習活動經過我們多年合作之後淬鍊得更加完善。

最後，我在領導旅程上碰到許多人士，他們對我在《領導力藍圖》中的觀點影響甚鉅。我要利用這本書，把他們對我的善意轉傳出去，將他們的經驗教訓傳遞給新一代渴望創造更美好世界的領導者，以此感謝這些影響我至深的人。

作者簡介

道格拉斯．康南特是《財星》雜誌五百大公司執行長，不但是《紐約時報》暢銷書作者、五十大領導創新者（Top 50 Leadership）、百大領導力演說家（Top 100 Leadership Speaker），同時也是百大世上最具影響力作家之一（100 Most Influential Authors in the World），無人能出其右。

道格身為熱忱的企業領導力實踐者與導師，特別致力於學習、實踐、改善和散播「有效領導」的原則並以此實現高績效，成為他四十五年職業生涯的特色。

他是ConantLeadership創辦人兼執行長，過去曾擔任金寶湯公司總經理及執行長、納貝斯克總經理及雅芳公司董事長。此外，他也服務於多家企業董事會，包括醫藥採購和分銷服務公司 AmerisourceBergen 和管理顧問公司 RHR International。他的職涯從通用磨坊的行銷開始，後來在卡夫食品擔任行銷與策略領域的領導高層。

道格目前是 CECP 主席，並且在遠大志向領導力中心（Center for Higher Ambition Leadership）、全國殘疾組織、公共服務夥伴組織和霍普學院（Hope College）擔任董事並以此為傲。另外，他也是經濟諮商理事會前主席、食品雜貨製造協會（Grocery Manufacturers Association）前主席和創行組織（Enactus）前主席。

道格畢業於美國西北大學凱洛管理學院，並擔任過凱洛格高階領導研究院（Kellogg Executive Leadership Institute）主任五年。除了在 HALI 擔任講師之外，也透過他著名的 ConantLeadership 領導力開發「新訓營」課程，將《領導力藍圖》所提出的諸多觀念傳授給經驗豐富及有志向上的領導者。

他是《紐約時報》暢銷書作家，與梅特．諾加合著《別讓改變擦身而過：領導，就在短暫互動中》。

道格自二〇一四年至二〇一七年，連續四年獲得全美信任協會（Trust Across America）列為「可靠的思想領袖」（Top Thought Leader in Trust），並在二〇一八年獲選為信任終身成就獎（Trust Lifetime Achievement Award Winner）頂尖思想領袖。他也被《Inc.》雜誌列為百大領導力演講人（Top 100 Leadership Speaker）、世界百大最具影響力作家（Top 100 Most Influential Author in the World）、獲研究機構Global Gurus評選為三十大領導專業人士（Top 30 Leadership Professional）、獲美國管理協會（American Management Association, AMA）評選為值得效尤的領袖（Leader to Watch），並且名列五十大革新領導方式之領導力創新者（Top 50 Leadership Innovator Changing How We Lead）及七十五大人性商業卓越人士（Top 75 Human Business Champion）。

最後，道格是莉伊引以為傲的丈夫，三個傑出孩子的父親。造訪他的網站conantleadership.com或推特，帳號是：@DougConant。

艾美．費德曼是一位十分有經驗的寫手，又是熱情的行銷人員、一絲不苟的編輯和如飢似渴的讀者，在企業界與數位傳播、商業寫作和出版方面有很多成功的經驗。她身為ConantLeadership內容總監，與道格及其他倍受敬重、深具影響力的人士合作產出數十種以讚揚和闡明領導力這門學問的教材。由她代筆的作品可見於重大出版品，例如《哈佛商業雜誌》和非營利性機構「人才發展協會」（Association for Talent

Development, ATD）手冊，另外也可在商業界各種數位接觸點看到。身為自由作家的艾美，也跟企業客戶合作，攜手研究和撰寫白皮書及其他可用來達成各種行銷目標的資產。她利用內容與傳播策略方面的專業知識，幫忙設計和部署社群媒體管道，過去五年來不斷提升ConantLeadership的觸及率。從二〇一四年起，她與道格密切合作，很開心能和他攜手撰寫這本書，將他獨特又備受需要的領導觀點介紹給這個世界。

艾美擁有愛默森學院寫作藝術學學士學位，目前和先生麥克斯（Max）住在費城南部。造訪她的網站：amyfederman.com。

附錄

Appendix

認識ConantLeadership飛輪

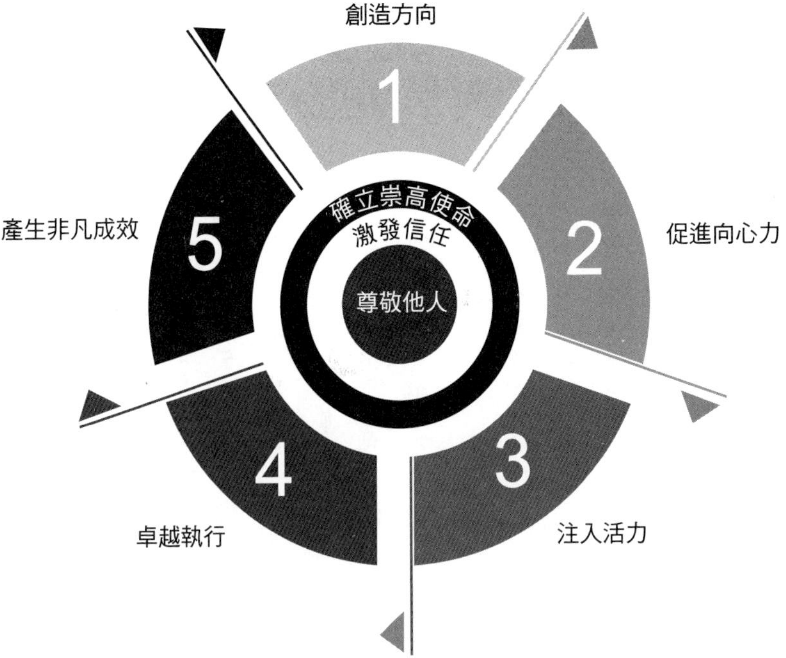

從ConantLeadership飛輪八個相連的實踐做法可以看到「有效領導」的關鍵。（本圖首次出現於第六章，在此作為提醒之用。）我們本身在ConantLeadership極力提倡飛輪這個高效模型，它以四十五年的領導經驗與學習研究為基礎，對於尚未有個人專屬模型的二十一世紀領導者來說，飛輪是效果卓著的途徑，可以幫助領導者為所有利害關係者實現長遠價值。飛輪中的每一個重點區塊都緊扣著「激發信任」與「尊敬他人」的核心支柱，（對我而言）這兩項是優異績效的兩大基石。當這八大組件環環相扣、搭配運作時，就會變成威力十足又能自我強化的工具，以源源不絕的動力改造個人與組織。

實踐做法區塊一：尊敬他人

領導以人為本。

尊敬他人是我整體領導行為的準軸，與它共生相伴的美德就是「激發信任」。你必須創造有利於坦誠對話的條件，促進事情的進展，如此才能真正有效的影響別人。不先對別人展現出你重視他們的觀點和需求，就想要驅策他們重視企業的需求，那無異於緣木求魚。尊敬他人是其他所有領導條件的前提；換言之，尊敬他人是激發信任的前導環節，也是達到有效領導的必經之路。

尊敬他人的做法如下：

- 尊敬他人是要花心思和時間的事。
- 具體展現「我可以幫什麼忙」的精神。
- 先設法瞭解別人，再尋求別人瞭解自己。
- 預設別人沒有惡意。
- 以聆聽領導，營造一個有利於坦誠對話的環境。

實踐做法區塊二：激發信任

贏得所有利害關係者的信賴。

信任與「尊重他人」互相連結，所以激發信任也是我整套領導作為的準軸。你的行動必須有信任作為根基，否則飛輪便無法正常運作，動能也會停滯下來。當你努力培養領導這門技藝時，過程當中的每一個步伐都必須激發他人的信任；這一點真的沒有妥協的餘地。

激發信任的做法如下：

- 先自我聲明並且言出必行。
- 培養和展現品格與能力——始終如一。
- 力守高道德標準。
- 以身作則。
- 坦承錯誤。
- 始終都能達成績效期望。

實踐做法區塊三：確立崇高使命

打造一個既可以引起所有利害關係者的共鳴，又能實現經濟與社會價值的遠大「志業」。

崇高使命指引你的工作方向，儲備你的活力，讓你能夠努力奮鬥。這個實踐區塊必須用崇高的意圖去處理，無論是從個人或組織的層次來講。鼓舞人心的志業會主宰你的領導力，將領導這份工作和共同的意義相互結合，確保你在面對逆境時依然持續走在正確的路徑上。

確立崇高使命的做法如下：

- 確認此志業可以實現經濟效益與社會價值。
- 以領導者的意圖、熱情、堅持和謙遜為崇高使命而戰。
- 確保崇高使命能指引組織的方向。

實踐做法區塊四：創造方向

創造一種有競爭優勢的方向推進工作事項。必須同心協力制訂明確又有魄力的計畫，達成集體共識的目標，才能推進工作事項並實現崇高使命。此實踐區塊攸關你能否建立一條清晰的途徑，為你指出正確的方向。

創造方向的做法如下：

- 正視你或組織當前的嚴酷現實，勇於質疑各種假想並挑戰既有的典範做法。
- 制訂具有遠大志向但又可實現的計畫，在尊敬所有利害關係者的條件下，推進工作事項。
- 消除疑慮，確保所有人都清楚計畫的期望。

實踐做法區塊五：促進向心力

配置並善用各種資源，用優質的做法來推進工作事項。

一旦清楚掌握了使命與方向，就必須配置所有可用的資源，讓規劃好的工作事項得以開花結果。此實踐區塊攸關到能否建立一個有利於快速又專注地做好工作的機制，確實為成功奠定良好的根基。

促進向心力的做法如下：

- 配置資源（包括人員、財務、時間）來實現計畫、任務或目標。
- 建立能自行延續下去的流程，促使每一個人都能靈活工作、達成計畫。
- 確認所有利害關係者都瞭解自己擔負的角色與責任。

實踐做法區塊六：注入活力

以尊敬所有利害關係者的做法，驅策每一個人全心全意繼續前進。未創造一個讓大家覺得備受重視的環境，卻期望所有人努力奮鬥、拿出績效，無異於緣木求魚。此實踐區塊要你做的便是給部屬能量，讓他們全力做好工作，同時也必須激發他們拿出更好的表現。設法讓所有利害關係者投入其中，創造高能量的文化，正是領導者應該做的事情。

注入活力的做法如下：

- 激勵所有人積極實現預期績效。
- 讚揚成就和承認缺點。
- 以即時又建設性的回饋意見刺激所有人做得更好。

實踐做法區塊七：卓越執行

確保能以卓越的執行力朝你的方向邁進，並且視需要修正路線。

你所運用的任何策略計畫與美好意圖集結起來未必等於「有效領導」。現實層面來講，強大的執行力才是成功領導的基礎與必須。此實踐區塊要求強力執行計畫，對成果進行追蹤與評量，別讓障礙擋住了進展。

卓越執行的做法如下：

- 以自律的任務管理方式來執行計畫。
- 行動果斷。
- 評量進展並視需要隨時調整。

實踐做法區塊八：產生非凡成效

達成或超越績效期望。

有時候計畫執行得十分嚴密周詳，卻還是無法產出當初講好的預期結果。然而，領導注重的就是把事情做到，因此你必須全神貫注於以真正有用的做法去實現績效。此實踐區塊會鞭策領導者對自己所許下的績效承諾保持專注，督促他們用達到或超越期望的信念去評判每一次的努力。

產生非凡成效的做法如下：

- 付諸實現。
- 秉持以績效為取向的思維。
- 慎重地處理短期與長期的成效。

飛輪的效用

ConantLeadership 飛輪具有自我強化的動能。

我發現，每一次善用 ConantLeadership 飛輪的實踐做法區塊產出卓越成效後，下一次飛輪的影響力就會變得更大。它會自我強化，持續改進。也就是說，每次運用飛輪時，不管是尊敬他人、激發信任、確立崇高使命、創造方向、促進向心力、注入活力、卓越執行還是產生非凡成效，都可以更容易做到。

利用藍圖創造的模型、地基，都可以看到這樣的效果。換言之，當你挑好用來實現領導力的實踐做法，並持之以恆用心去力行這些做法一段時間之後，就會發現你可以發揮更多效益，因為飛輪所捕捉到的動能同樣也提升了你的領導力。

方向 72

領導力藍圖

別怕砍掉重練！從內在找尋改建原料，量身打造領導模型

The Blueprint：6 Practical Steps to Lift Your Leadership to New Heights

作　　者：道格拉斯・康南特（Douglas Conant）、艾美・費德曼（Amy Federman）
譯　　者：溫力秦
主　　輯：劉瑋
責任編輯：李依庭
校　　對：李依庭、林佳慧
封面設計：木木 Lin
美術設計：廖建豪
行銷公關：石欣平
寶鼎行銷顧問：劉邦寧

發 行 人：洪祺祥
副總經理：洪偉傑
副總編輯：林佳慧
法律顧問：建大法律事務所
財務顧問：高威會計師事務所
出　　版：日月文化出版股份有限公司
製　　作：寶鼎出版
地　　址：台北市信義路三段 151 號 8 樓
電　　話：（02）2708-5509　傳真：（02）2708-6157
客服信箱：service@heliopolis.com.tw
網　　址：www.heliopolis.com.tw
郵撥帳號：19716071 日月文化出版股份有限公司

總 經 銷：聯合發行股份有限公司
電　　話：（02）2917-8022　傳真：（02）2915-7212
印　　刷：禾耕彩色印刷事業股份有限公司
初　　版：2021 年 4 月
定　　價：499 元
I S B N：978-986-248-944-4

國家圖書館出版品預行編目資料

領導力藍圖：別怕砍掉重練！從內在找尋改建原料，量身打造領導模型／道格拉斯・康南特（Douglas Conant）、艾美・費德曼（Amy Federman）著；溫力秦譯 . -- 初版 . -- 臺北市：日月文化出版股份有限公司，2021.04
448 面；14.7×21 公分 . --（方向；72）
譯自：The blueprint：6 practical steps to lift your leadership to new heights
ISBN 978-986-248-944-4（平裝）
1. 領導理論

541.776　　110001083

日月文化集團
HELIOPOLIS
CULTURE GROUP

客服專線 02-2708-5509
客服傳真 02-2708-6157
客服信箱 service@heliopolis.com.tw

廣告回函
台灣北區郵政管理局登記證
北台字第 000370 號
免貼郵票

日月文化集團 讀者服務部 收

10658 台北市信義路三段151號8樓

對折黏貼後，即可直接郵寄

日月文化網址：**www.heliopolis.com.tw**

最新消息、活動，請參考 FB 粉絲團

大量訂購，另有折扣優惠，請洽客服中心（詳見本頁上方所示連絡方式）。

大好書屋　寶鼎出版　山岳文化

EZ TALK　EZ Japan　EZ Korea

大好書屋・寶鼎出版・山岳文化・洪圖出版　EZ叢書館　EZKorea　EZTALK　EZJapan

日月文化集團
HELIOPOLIS
CULTURE GROUP

感謝您購買 **領導力藍圖：** 別怕砍掉重練!從內在找尋改建原料，量身打造領導模型

為提供完整服務與快速資訊，請詳細填寫以下資料，傳真至02-2708-6157或免貼郵票寄回，我們將不定期提供您最新資訊及最新優惠。

1. 姓名：＿＿＿＿＿＿＿＿＿＿ 性別：□男 □女
2. 生日：＿＿＿＿年＿＿＿＿月＿＿＿＿日 職業：
3. 電話：（請務必填寫一種聯絡方式）
   （日）＿＿＿＿＿＿（夜）＿＿＿＿＿＿（手機）＿＿＿＿＿＿
4. 地址：□□□＿＿＿＿＿＿＿＿＿＿
5. 電子信箱：＿＿＿＿＿＿＿＿＿＿
6. 您從何處購買此書？□＿＿＿＿＿＿縣/市＿＿＿＿＿＿書店/量販超商
   □＿＿＿＿＿＿網路書店 □書展 □郵購 □其他
7. 您何時購買此書？ 年 月 日
8. 您購買此書的原因：（可複選）
   □對書的主題有興趣 □作者 □出版社 □工作所需 □生活所需
   □資訊豐富 □價格合理（若不合理，您覺得合理價格應為＿＿＿＿＿＿）
   □封面/版面編排 □其他＿＿＿＿＿＿
9. 您從何處得知這本書的消息： □書店 □網路／電子報 □量販超商 □報紙
   □雜誌 □廣播 □電視 □他人推薦 □其他
10. 您對本書的評價：（1.非常滿意 2.滿意 3.普通 4.不滿意 5.非常不滿意）
    書名＿＿＿＿ 內容＿＿＿＿ 封面設計＿＿＿＿ 版面編排＿＿＿＿ 文/譯筆＿＿＿＿
11. 您通常以何種方式購書？□書店 □網路 □傳真訂購 □郵政劃撥 □其他
12. 您最喜歡在何處買書？
    □＿＿＿＿＿＿縣/市＿＿＿＿＿＿書店/量販超商 □網路書店
13. 您希望我們未來出版何種主題的書？＿＿＿＿＿＿
14. 您認為本書還須改進的地方？提供我們的建議？

悅讀的需要，出版的方向

悅讀的需要，出版的方向